长江出版传媒

湖北科学技术出版社

种菜书

吴当 著

陶渊明
的梦

读书人都有一个陶渊明的梦。仕途不顺、职场压力太大，脑海中就不觉浮起陶渊明《归去来兮辞》中的感叹："归去来兮！田园将芜，胡不归？"退休的文人更会吟哦起："引壶觞以自酌，眄庭柯以怡颜。倚南窗以寄傲，审容膝之易安。园日涉以成趣，门虽设而常关。"是啊！晴耕雨读，从此生活就在田园与书香中轮转，何等惬意！

我有个同事羡慕田园生活，购地建屋，准备当个新农夫。七月退休后就开始拿起锄头，每天到田里报到。他过惯了规律的生活，仍然准时上下班：八点开工，十二点收兵；午休后又继续工作到五点。几个星期下来，不但频频中暑，也瘦了一大圈，后来又生了一场莫名其妙的病，浑身无力、忽冷忽热，再也无法工作。他说给朋友们听，大家都笑他："哪有这样的农夫！乡下人摸黑做早餐，天一亮就去田里，十点左右回家；下午则是躲过正午的艳阳，从太阳西斜做到夜幕笼罩。顶着骄阳工作，哪有人不生病的？"他病好后，打消了农夫梦，逢人就说："当农夫，不是我们这种拿粉笔的人干的。"

我没有坐拥大片农田的壮志，只想有一小块地，种一点菜就心满意足了。可是都市丛

○ 欣欣向荣的菜园

林里寸土寸金，到哪儿寻觅菜地？有人建议：用泡沫盒盛土在屋顶种菜。我一想到盛夏的艳阳，只要一天不浇水，菜就会变成菜干了，始终不敢轻易尝试。

年初，毗邻而居的村长朋友突然问我："你想种菜吗？大排水沟旁的空地可以去种种看。"那块地已荒了十几年，杂草长得比人还高，从来都没有人想到要利用它来种菜，朋友说："经常请人来除杂草也不是办法，种菜可以美化环境，也可以生产，一举两得。"有了朋友的嘱咐，第二天我就去观察地形了。

空地上已有了邻居郭太太先行开挖的菜畦，我表明了村长的用意，她让出后面的土地给我试试。我望着荒地，想到近耳顺之年才有一块可以免费种菜的土地，欣喜中有一种幸福之感。当下就决定马上开工。

买了锄头、耙子、小铲子、剪子、水壶等用具，穿上工作服，戴上斗笠，向老婆挥挥手就开始了第一步：挖地整菜畦。由于求学时寒暑假都在田里工作，有许多农事的经验，所以整地工作对我来说并不困难。我画出每个宽约一米的菜畦，锄沟、松土。没想到表土

○ 菜园初辟时的模样

下都是石头，大大小小的石头很快就堆得像小山一样。除了石头就是土香草。我很有耐心地挖着，草也堆得像小丘一样。我的力量像四轮传动车，奋力挺进，一个早上已挖好了一畦。下午继续工作，尽管汗流浃背，我仍是干劲十足，又挖好了一畦。傍晚，我带着满身的疲惫和笑容，开心地回家了。夜里梦见菜园里长满了各色蔬菜，我站在园中犹如阅兵的统帅，笑得像晴空中的太阳。

第二天起床，全身酸痛，差点拿不起锄头，但为了菜园，当然还是得继续努力。挖着石头和杂草，头顶上炙热的艳阳晒着，背上热得火烫，汗水流进眼里，一阵刺痛，整个人昏昏沉沉的，似乎中暑了，赶紧到树荫下休息。想起年轻时在田里工作，哪里知道累；抢着锄头像装了马达的机器，哐哐作响，渴了就到清澈的溪水里像牛一样喝水。而今，数十年没拿锄头，体力已大不如前，正如前人对文人的描写："四体不勤，五谷不分，手无缚鸡之力"，实在贴切之至。

菜畦有了模样，我开始种菜啰。先参观附近人家的菜园，翻农历查时令蔬菜，到种子店询问并购买菜子，向好友要菜苗……于是种下了最容易存活的葱、红凤菜、韭菜；买来

○ 菜园揭开了成长的序幕

了胭脂茄、青椒、黄椒、生菜、木瓜等菜苗；播下了玉米、秋葵、南瓜等种子，把所有的希望一股脑都种了下去。

虽然菜园只有约七十平方米大，管理起来却比想象中费事。由于采用多元种植，小规模经营，因此施肥、除虫都十分容易，最困扰的是浇水与除草。附近没有干净的水源，我必须从百米外的家中提水过来。当缺水的年份，有时整整一个月不曾下过一滴雨，菜园严重干旱，众菜们个个形容枯槁，让我十分不忍。至于杂草更是令我烦恼。由于我低估了土香草的繁殖力，整地时并未清理干净，种上菜后，它们长得比菜苗还多还快。我每天都得拿小铲子挖土香草；如果几天未挖，就几乎成了土香草地毯，尤其是下过雨后，已分不清是种菜还是种土香草了。看到满菜园的草，就不觉想起陶渊明《归园田居》诗的名句："种豆南山下，草盛豆苗稀。"如果菜园面积再大个一两倍，我相信离陶渊明描述的情况一定不远，因为草的繁殖力的确不容小觑啊。

虽然菜园的水与草让我烦心，但我早晚辛勤的照顾也是有收获的。蔬菜们长得欣欣向荣：葱不大，却香气浓郁；生菜又脆又嫩；补血的红凤菜营养滑嫩；高级保健蔬菜秋葵，天天都有收获；珍珠糯玉米软糯香甜；豇豆、四季豆清甜爽口；胭脂茄既美又好吃……最重要的是这些蔬菜都是有机种植，绝对不施化肥，不喷农药，新鲜安全。常年陷在农药残留、激素催熟的作物阴影里，能品尝自己种的菜，是何等幸福的事！

无论晨曦中或是夕阳下，我总喜欢徘徊在菜园里，看菜叶上晶莹的露珠，仿佛钻石、水珍珠；看蔬菜们在清凉的晨风中婆娑起舞，好像曼妙的少女；看红霞里的茄子、四季豆、玉米，仿佛怀着美梦，即将在夜幕中甜甜睡去。这时的我就像众菜们的父母，轻轻对它们说："乖，宝贝们，这是你们舒适的窝，希望你们快快长大！"然后，我心里像拥有了一群乖巧善良的婴儿，甜蜜地、微笑地、满足地，回家！

陶渊明的《读山海经》第一首有这样的诗句：“既耕亦已种，时还读我书……欢言酌春酒，摘我园中蔬……泛览周王传，流观山海图。俯仰终宇宙，不乐复何如？”在喧嚣的市廛里，拥有一座幽静的菜园，和众菜们同甘共苦，仿佛我已化身为陶渊明，融入他那“此中有真意，欲辩已忘言”的境界里了。

壬辰年春　台湾台东鲤鱼山下

吴当，台湾台东县人，台湾师范大学中文系毕业，现从事文学教育与创作。曾任小学、初中、高中教师。著有散文、诗集、儿童文学作品等50余种。

红色珍宝
甜菜根
〈甜菜根〉
050

甜菜根
的家
〈甜菜根〉
054

被虫吞噬
的卷心菜
〈卷心菜〉
056

平凡沉潜
的花生
〈花生〉
064

丝瓜，
瓜瓞绵绵
〈丝瓜〉
068

落地生根
的红薯叶
〈红薯〉
060

棚架上的
小精灵
〈豌豆〉
074

网室
天地
〈白菜〉
〈大头菜〉
078

萝卜
联合国
〈萝卜〉
082

大头菜的
双城记
大头菜
088

莴苣
金球奖
莴苣
092

石缝里的
小白菜
小白菜
098

无心
插柳
番茄
100

油菜花般的
台湾树豆
树豆
103

蔬菜的
花花世界

红凤菜花　豌豆花　茴香菜花
豇豆花　茄子花　葱花
108

一苗
难求
白菜　苋菜
空心菜
112

蔬菜
再生实验
茼蒿
莴苣
117

番茄
情人味
番茄
121

草莓
飘香
草莓
126

木瓜
物语
木瓜
131

菠萝花开
旺旺来
菠萝
138

03 | 附 录 篇 197

附注>>书中各篇文末的"小百科"是参考医学百科、有机农业全球资讯网、维基百科、乐活营养师等网站撰写，其中营养价值及疗效仅供读者们参考。"美菜小窍门"则为笔者种菜心得，文章中亦有不少描写，请读者们详细参阅。

苦瓜情事

　　种苦瓜的季节到了，但听说苦瓜难种，也没去问什么原因就决定要种了，反正种菜只是为了兴趣，与收获没太大关系。

　　到种子店，老板说一颗七元，我没料到会这么贵，只带了二十元，他大方地给了我三颗。路过菜摊，斗大的纸板牌子上写着："苦瓜一条十元"，硕大的苦瓜像个白白胖胖的小娃儿。

　　到了菜园，算算株距，挖了四个洞，再去补买了一颗，把它们埋下去就开始期待啦。

　　整整浇了半个月的水却没动静。我耐不住，挖开一点旁边的泥土偷偷瞧瞧，嘿！竟然看见一根雪白的芽柄，我赶紧盖上泥土。第二天它就推开泥土，准备诞生了，我浇水时向它说："抱歉！你在泥土里实在待太久了。"它的子叶冒出来时，我差点放一串鞭炮庆贺。

　　四颗种子最终只发了两棵芽。我去问老板，他说："不然你买苦瓜苗，一棵十五元。"早知道发芽率不高，当初买苗就好，说不定现在就有苦瓜可吃了。我决定不再买，只用心照顾着这对孪生兄弟。

　　苦瓜苗长得很秀气，不像旁畦的那些豇豆苗手脚灵活，一个晚上就爬了好几厘米高。它用一种贵妇人的姿态，慢慢地长着。我立了两根柱子把它们靠在上面。奇怪的是它们的触须并不往柱子上钩，风一吹藤蔓就掉下来了。我小心翼翼地把它的长须绕在柱子上，第二天早上它又松脱了。我找来红色塑料绳把它绑在柱子上，想："看你还不乖乖就范！"没想到它硬是不爬，整个星期都在跟我闹别扭。我把它当作像要去受刑的囚犯，五花大绑着。妻看了觉得真不可思议："藤蔓植物不爬架子，倒是罕见。"我心想："幸好也只有两棵，多费一点手脚就是了，反正时间一久，它们也会爬上去的。"

苦瓜开花了。看着黄色的小花在风中摇曳，心也跟着舞蹈起来。花开花落几次后，终于结一颗小苦瓜。像初生的婴儿躺在阳光的被窝里，均匀地呼吸，美极了。我赶紧拿相机把它当作模特儿来拍照，左一张右一张，衬着绿叶也来一张。妻看了直笑。

妻说要用纸把苦瓜包住，不然小果蝇一螫，苦瓜就一命呜呼了。我赶紧像护住宝石般

○ 可爱的小苦瓜

○ 被果蝇叮坏的苦瓜

地用报纸包住它。但它实在太小，风一吹，纸就掉了。再包，又掉，再包……好像比赛似的。苦瓜长成山苦瓜大小时，我发现它的身上长了一个红点，不禁大叫："不妙，被果蝇叮了！"红点像有生命似地愈来愈大，几天以后苦瓜就变成了褐色，烂掉了。我拍下了它夭折的身影，心里一阵难过。望着旁边新长出的大豆般的苦瓜，又赶紧把它包起来。可是果蝇无孔不入，没两天，又叮上了苦瓜，我像泄了气的皮球，再度目送着一根苦瓜离去。

黄色的苦瓜花在棚子上不停地闪耀着，却都是公花，不再结果。我每天寻寻觅觅，像在砾石中翻拣钻石，总是失望而归。偶然间会发现凶手小果蝇风似地绕着，我笨拙的身手当然逮不到它，只好罢手。

最终也没去买捉小果蝇的捕虫器，苦瓜与我没缘，我决定不再理它，让它开心地在棚顶爬来爬去，吊在四季豆身上晃呀晃的。它是那么秀气，又喜欢带着一两朵小黄花，好像黄色的、淘气的天使。最重要的是它们只有两棵，占不了菜园太大的版图。

菜摊上"苦瓜一条十元"的纸板不知何时已取下了，这才发现今年虽没吃到一根苦瓜，脑子里却满满都是苦瓜的身影。"苦瓜很难种啊！我以前都不敢种苦瓜。"母亲在电话中笑着说，她年轻时也是种菜的好手。说得也是，但没种一次苦瓜，也不会知道其实苦瓜并非难种，而是小果蝇惹的祸。

有时"怀璧"也是一种原罪，虽然它怀的只是小苦瓜。🐞

小百科 >> 苦瓜，又名凉瓜。中医认为苦瓜味苦、性寒；归心、肺、脾、胃经。具有消暑、清热、解毒、健胃的功效。 主要用于发热、中暑、痢疾、目赤疼痛、恶疮等。

美菜小窍门 >> 结果时要套袋，可以避免因果蝇叮咬而落果；浇水不可太多。

18 | 豆豆
学习单

豇豆

四季豆

菜摊上有了豆子的身影，我也跃跃欲试，反正古有名训：种豆一定得豆。

种子店老板给我了豇豆和四季豆，我兴致勃勃地种下去；它们也很合作，三天就长出了可爱的豆芽。可是我忘了防范蜗牛，发芽的第二天，豆芽就消失了一排，连梗都吃得一干二净。它们呢？天亮后早就逃之夭夭。我也不是省油的灯，

○ 晨曦中的四季豆

第二天天还没亮就起床，准备去逮捕现行犯。老婆温柔地为我打气："加油！"我火速地跑到菜园，看到它们正大快朵颐地吃着豆苗呢。我立刻判它们流放边疆：丢过宽阔的大排水沟，它们要爬回来，还得找一艘小舟呢。我又补种了豆子，两天就发芽了，而且长得飞快，还追上了它们的老大哥。

豆苗一夜大一寸，我高兴之余又赏了它们一把有机肥。几天后它们就要爬竿比赛了。我准备去买细竹子来搭架子，却看到常去散步的公园正在大肆清理，砍下了许多约有一人高的小合欢树，正好合用。于是一连几天，我成了现代版陶侃，在草堆里寻觅适用的树枝。每天四五枝，一个星期下来，菜园里就有了一大捆架子的材料啰。

搭了一排架子，豆子乖乖地沿着树枝爬了上去。豇豆长得快，叶须抓着枝杈，身子快速地往上爬，不到一周就爬上了架顶，而且还不停；没架子爬了，整个身子垂了下来，像高空弹跳荡在半空中。四季豆则秀气也乖多了：它们细细的身子慢慢地绕着柱子一圈又一圈地爬上去，像螺丝一样整齐；它们一定是豆类中品学兼优的好学生。

四季豆长得很顺利。还没爬到棚顶就开花了，花朵像白色的小蝴蝶，一只只在绿叶丛中翩翩起舞。花落后立刻长出了小小的、像牙签般细的豆子。豆子是一串一串长的，每串约有三四条，整株四季豆结满一串又一串的豆子，像绿色的玉珮，漂亮极了。四季豆长得很快，不到一周我就开始收获。八株四季豆，每天约可摘四五十条，我与妻尝着甜甜脆脆的豆子，幸福得快掉眼泪了。

但豇豆就没这么顺利了。豇豆比四季豆先开了紫色的花儿，长了三根豆子，每根约三十余厘米长，从棚子上垂下来，像一条绿色的绳子。我看了真想拉着

○ 结实累累的豇豆像一根根绳子

它荡秋千。豇豆没几天就长得像铅笔杆般，我立刻把它摘下来炒，甜得好像涂了一层蜂蜜。妻说："好幸福喔！"可是好景不长，从此它好像冬眠了，一动也不动。不再长高，不再开花，整座棚子无声无息；我浇着水、除着草，狐疑地望着它，弄不清它葫芦里卖的什么药。一天、两天；一周、两周；还是没动静。第三周起我逢人就问："我的豇豆为什么长了三根就不再长豆子了？"答案很不一致："可能施的肥料不对！""是不是日照不足？""是品种不好吗？"

再忍了一周，妈在电话中告诉我："好像是你种的时间不对，再等等看。"妻也说："要有耐心和信心！"我站在豇豆旁侧着头，像沉思的哲学家。凭我这粗浅的农夫经验，哪能想出什么原因？无计可施之下，我使出最后的一招，拉着它的藤蔓，恐吓它说："再不长豆子，就把你们拆了！"说也奇怪，第二天，我竟然发现叶柄有了花苞，没几天，整个棚子开满了紫色的、仿佛蝴蝶的花朵，像北海道的薰衣草花园。我愣在棚子前说不出话来。蝴蝶飞走后，一根根绿色绳子般的豆子纷纷垂了下来，好像古装片里夜晚登城偷袭的士兵垂下的绳子般，密密麻麻的。绿绳愈来愈长，愈来愈粗，每天早上我都可以摘一把回家。妻说："还好你没真的把它们拆掉。"吃着甜美的豇豆，告诉母亲，母亲笑着说："种菜要适时，要有耐心！"

《论语·子路篇》："樊迟请学稼，子曰：'吾不如老农。'请学为圃。曰：'吾不如老圃。'"看着长得欣欣向荣、密密麻麻的豆子，我发现：在种菜这条路上，我还有许多要学习的呢。🐝

小百科 >> 豇豆，可分成绿、白两种。富含多种维生素、矿物质、蛋白质等。四季豆，富含维生素C、铁质、钙、镁和磷等。含皂甙和植物血球凝集素会导致食物中毒，出现恶心、呕吐或腹痛等不适症状，必须炒熟后才可食用。

美菜小窍门 >> 浇水宜适量，太多则易烂根。株距不宜太密，否则易生虫害。

22 | 菜园 模范生

红凤菜是菜园的元老，甫一开园就进驻的作物，种它也是一种巧合。

当园丁，要多观摩私人菜园。我先到老友弘光大师家。说观摩是冠冕堂皇的理由，真正的原因是，借此挖些菜苗或菜种来充实自己的菜园。

我看到红凤菜畦旁有一小堆菜根，问他，他

○ 欣欣向荣的红凤菜

说："老菜头，准备丢了。"我如获至宝，赶紧包了起来，揣在怀里。回到家，立刻往菜园奔去。这些红凤菜果然是准备要丢弃的模样，小小短短的，有的只有粗梗，有的还留有一两条根。我细心地挑了二十来棵看起来还有延续香火希望的，一股脑种了下去，浇上水，就等着它生根发芽。

红凤菜的生长并不顺利，种下去半个月，几乎没有任何动静。听人说红凤菜最好种了，把梗随便一插，隔天就发芽。可我每天浇水、照护，差点没为它盖被子或吹冷气，它却纹丝不动，真让我心急。

红凤菜休眠了半个多月，开始有了动静。几片小芽舒展了筋骨，像小娃娃一样冒出了头，红红嫩嫩的肌肤，像婴儿一样粉嫩，我看得如痴如醉，开心地告诉妻："红凤菜长芽了！"差点上网告诉所有好友。

红凤菜的个性温和，长得很斯文，一个星期也长不到几厘米，我有点失望。埋了一些有机肥，希望它感动之余振作精神快快长大。今春，雨水不多，整月才落了两次小雨。我只靠提水浇菜，根本是僧多粥少不够分配。红凤菜对水的需求很少形诸于色，几天不浇水也不会垂头丧气，我浇水时自然就容易跳过它，它当然就长得更慢了。

红凤菜有点像仙人掌，水分多时，枝杈和叶子抽得细长；水分不足，就长得粗粗短短，像一根根胖胖的小手。红红的叶子有点像小朋友文身的贴纸；还有点像变色龙，会随着水分多寡而改变颜色。

虽然长得慢，也会有收获的一天。我剪了红凤菜，摘下叶子，用姜爆香，炒了一小盘，尝起来香嫩可口。妻说："有了你的这份心，它更香了。"听得我乐陶陶。

红凤菜的耐力其实是很惊人的，它不像讨好人的茄子长得窈窕可爱、红艳迷人，也不像豇豆那样招摇；它是马拉松选手。当炎酷的夏日，土地被晒得像火炉，叶菜类如空心菜、苋菜都老得像橡皮般坚韧或枯萎时，它仍坚强挺立，一点一点地长着。当菜园里没有菜可摘时，我和妻自然就会想到它。它永远都是那么可口。当其他蔬菜因气候和水分而失去生长的力量，红凤菜却像永不屈服的马拉松冠军，坚定地向你宣告：我是不会轻易被打败的。

这样的红凤菜当然是菜园的模范生，值得菜兄菜弟们学习。我也乐意把它留在菜园，让它继续当"菜国元老"，因为它是菜中君子，"任重而道远"，会带着众菜们在菜园慢慢地生长啊！ 🐛

小百科 >> 红凤菜，味甘、性凉。中医认为可清热凉血、活血、止血、解毒、消肿。
美菜小窍门 >> 虫害少，多浇水就可以长得很好。收割时用剪枝法，留侧芽三四枝，可采收数月。

25

胭脂茄
美女

说种茄子是为了欣赏，很多人也许不相信；但我种了十棵，的确是为了实现多年前在茄园看过它的美貌时萌发的愿望。

茄子是第一批进驻菜园的作物。紫色的菜苗便洋溢着一股秀美的气质，令人期待它长出茄子的优雅容貌。入了土地，它便努力地成长，毛茸

○ 胭脂茄的花与果实

茸的叶子愈来愈大，紫色的株干也愈来愈粗，不到一个月就有将近五十厘米高了。

发现茄子开花有一份意外的惊喜。那天，我在晨曦中除草，突然发现茄子丛中，长出了两朵淡紫色的花儿。茄子花像一顶五角形的帽子，深紫色的花萼撑开淡紫色的花瓣，又像一把小伞，静静地躺在阳光的怀抱里，充满了浪漫的气息。我看得陶醉，差点忘了工作。从此，欣赏茄子的成长成了每天的功课，当然也同时做了影像记录。茄子成了菜园最棒的模特儿，其他蔬菜不知是否会吃醋？

茄子花落后便从蒂头冒出一小根白色的茄子，乍看之下就像怀旧的灯罩和灯泡，十分别致。茄子慢慢长大，白色的身子缓缓染上紫色的颜料，先是淡紫，然后加深。茄子窈窕的身子像穿了一件紫色晚礼服，既高贵又典雅，加上阳光的映照，简直就如出席奥斯卡金像奖颁奖典礼的美女。十棵茄子先后开花，一片垂挂的茄子像环球小姐选美的舞台，成了菜园最美的角落，我最钟情的所在。

半个月后收获了第一批茄子，摘下的茄子有着光滑的紫色身子，美得实在舍不得拿来做菜。加上蒜头和九层塔，炒出来的茄子香甜滑嫩；烫熟后加上葱花、蒜头凉拌，也别有一番风味。茄子成了我们最舍不得送人的蔬菜了。

发现茄子的虫害，的确也让我心惊。叶片下一片白色粉末，稍一抖动便会飞起，像一只只小白蝶，但我可不觉得浪漫。只有十棵茄子倒好办，我采用"手工灭虫法"。用手一片片地揉擦，连续几天，果然除了这个虫害。可是不久，我又发现叶子被虫子吃了一个个洞，仔细寻觅却找不到虫子。洞愈来愈多，有些成了仕女们穿的洞洞袜，实在令人不忍。问了老圃，都得不到确定答案；我又不愿买药来喷。最后使出杀手锏：把受害的叶子一片片剪下、丢弃。不一会儿，茄子树几乎都理了光头，只剩下几根奄奄一息、失去了光彩的茄子，成了菜园最黯淡的时刻。

没想到我的杀手锏收到了奇效，光秃秃的茄子树不久又长出嫩叶，开了一大片花儿。五六十根茄子垂挂在树上的盛况，仿佛世界小姐选美般，让我们看得流连忘返。从此，我们每天都有茄子可以吃，也可

以送人了。尝过的朋友都说："你种的茄子又美又好吃！"我听得乐飘飘的。

茄子像变魔术般，花一阵接一阵地开，紫色的身影去了又来，几个月从未间断。我惊讶它强大的繁殖力，陶醉于它的美丽。它除了视觉之美，也满足了口腹之欲。孔子曰："食、色，性也。"茄子在这两部分，都当之无愧。难怪它永远是菜园的美女，我最喜爱的作物。如果你有兴趣，告诉你，它的名字叫：胭脂茄。可别弄错，茄子族繁不及备载，它的菜苗长得都差不多，果实却有红与白，长相也有长与圆之分喔。🐝

小百科 >> 茄子，富含 β－胡萝卜素、维生素 B₁、维生素 B₂、蛋白质等；紫色茄子中维生素含量更高。中医认为茄子味甘性凉，有清热活血、止痛消肿等功效。

美菜小窍门 >> 虫害多，集中在叶心与叶背，要经常检查除虫。留下第一次开花上方的芽三四枝，下方的侧芽全部剪除，才不会影响生长。

29 秀而不实
的南瓜

每次勉励学生，总会引用"一分
耕耘一分收获""种瓜得瓜，种豆得豆"
等先贤名言；当了农夫，才知道这些话
是有变数的。

到郊外踏青时，常看到农家附近
的空地爬满了南瓜、瓠瓜的藤蔓，硕大

○ 像喇叭的南瓜花

的果实躲在茂盛的绿叶下，像娇羞的少女痴情地望着白马王子般，十分迷人。有了菜园，很自然就想种它。我在墙角播了几颗南瓜子，发芽后把它们分成南北两家来比赛。北旱南湿，结果就像龟兔赛跑般很快就见分晓。南边的瓜苗吹气似地长着，半个月就爬满了墙边的空地；北边的瓜苗只长了几厘米，尽管我每天浇水，它却仿佛冬眠一样，激不起一点斗志，我摇摇头，不再理它。

南瓜苗拼命扩大地盘，墙边石头和杂草上绿意盎然，我感激它美化菜园的功劳，为它埋下一堆有机肥。它长得更快了。

南瓜开花了。硕大的黄色花朵像一支支粉嫩的喇叭，在绿叶丛中分外耀眼，我开心地为它拍下了美丽的倩影，憧憬着南瓜结实累累的盛况。南瓜花有公花与母花之分，母花后面有一颗小小的果实，授粉后花落，果实就会慢慢成长。我的南瓜花落后小果实却变黄、掉落；花朵如星星般闪烁不停，可没有一颗成功结果的。问妈，她说："南瓜最好种了，怎会有不结果的？"去请教一些老圃，最多的答案是："可能蝴蝶或蜜蜂授粉不够，你要拿一支毛笔为它们授粉。"于是我每天起床第一件事就是当媒人，把公花上的花粉送到母花里，也没效果。有人说："你可能没有摘心，把主心摘掉，长出其他分枝，就会长瓜了。""可能是施的肥不对吧。""可能是营养不良。""可能太干旱了。""可能太潮湿或营养太好，藤蔓长得太多。"

众老圃到菜园里会诊南瓜，看看藤蔓，长得可真壮；瞧瞧花朵，美得没话说；大伙儿七嘴八舌，也没让我的南瓜长出半颗果实来。它仍奋力地长着，还要努力爬过围墙，到另一块空地去扩张地盘。母亲说："摘南瓜心来吃也不错喔。"我摘了一大把，果然滋味可口；但尝不到南瓜，心里总不是滋味。请教一位专卖南瓜的老板，他说："有些南瓜很神经，一直长一直长，就是不结果；你最好把它砍了。"有了案例，心里就放松多了，只能怪自己运气不好，遇到这种比中大奖都难的事。到同事邻居的菜园参观，发现了一棵长得茂盛无比的南瓜，"不知什么原因，就是不长瓜。"主人疑惑地说。我的心被重重地撞了一下，仿佛长期受了冤屈的孩子沉冤得雪般，我大声地说："我种的南瓜也是！"两人相视一笑。

种了半年的南瓜，一颗果实也没长，查不出它不孕的原因，也不能苛责它，毕竟它也像拼命三郎，努力地生长过，为菜园带来一片生机。但也总不能继续让它生长吧，因为它实在不争气，怕其他果实类植物也群起效尤，那我就徒劳无功了。于是在一个盛夏的清晨，曦日初升，它还在沉睡中，我拿起剪刀，从它的主藤用力一剪，它便消失在菜园里，成为菜园里的一片云烟，我记忆里不解的难题。

秋天到了，老婆问："想种冬瓜吗？"想起苦瓜的夭折与南瓜的不孕，我实在没有信心。《论语·子罕》中孔子说："苗而不秀者，有矣夫！秀而不实者，有矣夫！"孔老夫子可能也种过不结果的南瓜吧，不然为什么这句话会这么切中我这小农夫的心坎呢？ 🐛

小百科>> 南瓜，据《本草纲目》记载，南瓜性温味甘，具有补中益气、消炎止痛、化痰排脓、解毒杀虫的功能，生肝气、益肝血、保胎等作用。

美菜小窍门>> 耐干旱与贫瘠，浇水要适当，略施有机肥即可。需要较大空间，适合在郊区种植，结果时要注意果蝇叮咬。

32 | 坎坷
南瓜路

自从上次种了秀而不实的南瓜与苦瓜后，我对种植瓜类失去了信心，久久未曾动念。但说归说，心里还是有那么一点亮光，想着能看见南瓜那可爱的身影。请教了一位常年种植南瓜的老圃后，我决定再种一次。

种子取自朋友送的南瓜，泛着香气、清甜、

○ 南瓜生气蓬勃地向前爬去

口感又佳的南瓜，让我和老婆不约而同地竖起大拇指："就选它！"取出种子，晾在阳台上，有了阳光浓郁的温暖后，我把它收了起来。十月中旬在菜园选了一个好位置把它们种了下去。几天以后它们就发芽了，展开了第二次的成长之旅，一条未知的旅途。我的心有点忐忑。

南瓜藤蔓多，生长速度快，不久会占满菜园，小小的菜圃当然无法容纳它们。我设计了一个蓝图，利用中国园林的借景法，还有这几年喊得很响亮的口号："立足台湾，放眼世界"，把南瓜根部留在菜圃内，让它们爬到旁边的坡坎去施展。只要根部的水分和营养足够，宽阔的坡坎上就会瓜瓞绵绵吧。主意拿定，我的南瓜梦就开始啰！

冬天的南瓜长得慢，从发芽到长叶，耗去了半个月，也没多少进展，我有点忧心：难道它们罢长了？幸好长出三四片叶子后，它们就像来到大草原的马儿，撒开步伐开始飞奔，一个星期后就长了三十余厘米，三棵南瓜一字排开，气势十分雄壮。我赶紧戴上手套、抢起锄头到坡坎拔鬼针草、除茅草，忙得筋疲力竭，才清理出一块干净的土地。我站在坡坎上，望着努力往前爬的南瓜藤说："加油！欢迎你们过来。"老婆听了，笑着说："看你这么努力，这次一定会成功的。"

南瓜沿着我搭的竹桥，三天就爬过田沟到了坡坎。我在菜畦两边钉了一排竹子当作栅栏，防止那些经常在菜园搞破坏的狗儿把它们踩断。我的计划成功了，它们安全且快乐地生长着。为了留下详尽的记录，我三天两头就为它们拍照，仿佛拍写真集一般。当南瓜长到约二米长，我就为它们摘心，三棵南瓜长出了十多条侧芽，成群结队地向坡坎爬去，看着这片南瓜大军，我不禁信心大增。为了让它们有足够的营养，我又在根部附近埋上了一大把肥料。默默祈祷："南瓜，这次一定要争气喔！"

○ 阳光下的小雌花

南瓜要开花了，叶柄部分长出了许多小花苞，我仔细一看，不禁担心起来，因为二十来朵全部都是雄花。难不成我种的是公南瓜？但从没听过南瓜还分公母。我告诉自己："别自乱阵脚，南瓜当然是雄花比雌花多，这样比较容易授粉。"金色的雄花寂寞地开着，又寂寞地谢了，雌花还是没有踪影。我告诉老婆，她为我打气："物以稀为贵啊，你以为当母亲很容易喔。"说得也是。但老婆也问我："雌花长什么样子？"我温柔地回答："花后面挺着一个小肚子的就是雌花。"她说长出雌花时一定要去瞧瞧。这下我更期盼了。

在一个晨曦初升的早晨，我在一棵南瓜的前缘，发现了一朵雌花，后面带着一颗小小的南瓜。我像发现了阿里巴巴的宝藏，赶紧把老婆请来欣赏。老婆知道我为南瓜白了许多头发，给我一个爱的鼓励。但她怀疑地说："这么小的南瓜，会顺利长大吗？"这一语勾起了我惨痛的回忆，上次功亏一篑的苦瓜事件仍历历在目，花朵与小果实一样不缺，就是无法留住小果实。为了提防果蝇叮咬，我立即做好防护措施，剪了一小段柔软的卫生纸把果实包起来，好像为它穿上防寒衣，看了它这身打扮，不知情的人一定会好奇地以为南瓜的主人神经啦。我突然想起写《所罗门王的指环》里的劳伦斯，为了带领小鸭子而屈膝弯腰，低着头在草地上爬着，一边学鸭子"呱格格格，呱格格格"地叫，却吸引了一群吓呆了的观光客。为了研究，主人的痴心都是一样的，我很能体会劳伦斯的心情，也庆幸自己面对的只是不会移动的菜，不然我的菜园位于市中心的话，一定会吸引不少市民围观，成为城

○ 生机盎然的南瓜

市观光一景。

　　小南瓜经历过十二月中旬的一场寒流，又经过一场又一场东北季风的吹袭，竟全都夭折了，我的保暖措施完全失效，望着空荡荡的南瓜藤，心中一阵怅然。老婆看了我的表情，安慰我："刚开始嘛，不要泄气！"我又鼓起勇气，每天在坡坎上搜寻，一有雌花身影，立即用纸包起来，以免果蝇捷足先登；但雌花最终总是以掉落收场。有一次，两朵雌花长成了拇指大小，前缘还带着一朵橘色的花朵。我心中大喜过望，以为成功授粉后就可以长大了。可是遍寻南瓜藤，竟然没有一朵雄花，我本想向专门种南瓜的老友求援，请他摘几朵雄花来授粉。电话还没打，雌花已经谢了，小南瓜也随之掉落，我的心拂过一阵强烈的寒流。

○ 充满希望的南瓜大军

为了找出南瓜不结果的原因，我请来了众老圃和一位种了不少南瓜的好友，为南瓜把脉。大伙儿看着南瓜，长得很强壮；正常施肥，也没虫害，又是排水良好的沙土。大家百思不解，悻悻然而去。我忽然想起邻园的郭太太前阵子种的南瓜，也结过两颗南瓜，难不成我的菜园与南瓜八字不合？

　　秀而不实的南瓜激出了我的牛脾气。反正菜园里空地有的是，我就和它硬杠到底了。于是又在围墙下的菜畦播了几颗南瓜种子，也许春天暖和的天气会带来一番喜气吧！这次我完全以平常心看待，不再特别费心了，反正不结果是常态，结了果就当作是上苍垂怜送给我的礼物吧。春节后，南瓜藤在菜园远远一角的围墙下、香蕉树旁恣意生长，我偶尔为它们浇浇水、施点肥，给它们一番爱的鼓励；它们也很努力地爬呀爬的。有一天，我心血来潮地为它们搭了一个矮架子，它们也很开心地爬了上去，手舞足蹈起来，很快就爬满了竹架子。慢慢地绿丛中隐约有了一朵朵黄色的影子，我也不在意，心想：不就是花开花落，秀而不实吗。老婆常问我南瓜有结果的消息吗？我总是摇摇头。几次以后她也就不再问了。

　　春天来了。和风送暖，南瓜藤爬满了坡坎和墙边，黄色的花朵像星星般闪着耀眼的光芒，此起彼落，十分热闹，但拨开叶丛还是只有掉落的小瓜仔。我也试过用干草把小南瓜包起来，只露出花儿，让果蝇无法叮咬；把小南瓜用叶子盖住，不让果蝇发现，总是徒劳无功。五棵南瓜长出的南瓜藤大概可以绕城市一圈了，花朵也无以计数，我仍然无缘得见一颗由婴儿到青少年、壮年的成熟南瓜。

○ 细心地为雌花包裹

　　每天望着一片绿意盎然的南瓜藤，感受它们的无限生机，几次想拿镰刀割除它们的意念都打消了。想起战国时期庄子与惠子在论述大瓢与大树的功用时曾说出"无用之用是为大用"的名句。南瓜在土地上快乐生长，欣欣向荣，充满了生命的活力，我却只因它的不实而惆怅失意，是何等失策啊！种南瓜，为的是收成，倘若无法如愿，怎不去欣赏它的另一种寓意呢？至少它给了我一片风景，陪伴着在菜园辛勤耕耘的我，耐旱、耐贫瘠，无怨无悔……🐞

38 玉米
的四季

玉米是农家最普遍的作物，主食、零食两相宜。尤其童年时难得品尝玉米，将玉米粒剥下装在口袋舍不得一口气吃完的印象，分外难忘。有了菜园，种玉米就成了当务之急。

选了一畦有沙石的土地，买了听起

○ 欣欣向荣的玉米

来很美的"珍珠糯玉米"种子，在底部放上一小勺肥料，每穴埋下两颗种子，浇上水，覆土，大功告成，我等着采收像珍珠般的玉米啰。玉米发芽率很高，我实在舍不得拔掉它们，长得约莫十厘米高时，又将多余的移植到另一畦，总共有一畦半的玉米了。一列种了五棵，共有二十余列，哇！那我不就有一百多根玉米可收获了吗？每根玉米以三元计价，经济价值超过四百元了。我只花了二元买种子，还只种了三分之二呢。想到这里，人已经埋在玉米堆里，心也跟着飞起来了。

想象中照顾玉米是很容易的，平常它们大多长在山坡或旱田上，对土壤、水分都不会太奢求吧！我大概只要偶尔浇点水、施施肥就可以了。但我很快就发现如意算盘打错了。

随着玉米的成长，我首先发现植株太密，想要拔除，但株距平均，又不知从何处拔起。它们长得细细瘦瘦，像高挑的模特儿美女。接着我又发现，玉米也需要水分，今年雨水奇缺，干旱严重，菜园像沙漠，被艳阳晒得滚烫，它们都垂头丧气，十分可怜。我每天提着两个水桶拼命浇水，仍掩不住旱象。邻居老太太看了我的玉米，叮咛我："玉米要多浇水，不然会结不出果实喔。"听得我忧心忡忡，每天都祈祷老天赶快下一场大雨；有时晚上听到隔壁的冷气声，都会高兴地对妻说下雨了。妻同情地说："好辛苦的农夫啊！"

玉米在干旱的环境里慢慢长大，可是不知何故，竟然长成了一个整齐的三十度角，头尾高矮差距一半，实在不可思议。有经验的老圃说："一定是前后土质的肥沃度和湿度相差太大。"我只好采用多浇水和施肥来补救，可是仍然无效。

○ 玉米花及穗

　　经过了一个多月的成长，玉米抽花了，望着挺立的玉米秆上端冒出的穗状花束，心中有一份难以言说的滋味。亲手栽种的玉米要开花、结果了，我像是怀孕的母亲，看着宝宝就要诞生了，喜悦的心像汩汩的清泉，涌动不已。花朵像燃放的爆竹，一株又一株地蔓延开来，可也带来了不速之客。首先是密密的蚜虫爬满玉米株，看起来有点恶心。我赶快拿湿布耐心地擦拭，总算控制了疫情。蚜虫带来了大群蚂蚁和红色的小瓢虫，我抓着漂亮的小瓢虫，狠心地将它丢得远远的。不久又来了褐色与绿色的金龟子，它们附在花朵上，似乎图谋不轨。我看得很刺眼，也一只只将它们判处流放。日子就在与昆虫们的斗法中流逝，不觉过了三个星期，发现玉米穗上的须与花皆已干枯，我试着剥开最早开花的那穗察看是否成熟，发现果粒已十分坚硬，赶紧摘了下来。剥着玉米壳，闻着玉米的清香，我感动得几乎要落泪了。这是生平第一根自己栽种的玉米呀！煮熟后的玉米泛着半透明的玉般光泽，真的像珍珠啊！我和妻尝着玉米，QQ的、甜甜的，既漂亮又美味。两个多月的辛苦，总算有了回报。

　　大部分的玉米都成熟了，我举行了收获仪式，拍下了它们美丽的身影，然后与妻将美味的玉米送给亲朋好友。特别强调：有机与安全，爱心与耐心。收到玉米的朋友们都说："吃得真开心又放心。"再多的辛苦这时也都烟消云散了。

也不是所有的玉米都有美好的收成。前半畦长得营养不良的，只结出细细的穗，像小孩吃的棒棒糖，有的甚至只长了十余粒，吃起来也索然无味。我本来计划的一百多根玉米，只收获了五六十根。虽然如此，我还是在四月下旬播下第二批种子。有了第一次的经验，我改种在水分充足些的土地上，采取精英政策，只种了二十棵。它们果然长得又快又大，绿色的玉米株泛着深色的光泽。一个多月后也陆续开花了，株旁长出了鼓鼓的玉米穗。我像老朋友一样摸摸它们，轻声地说："加油！这次一定会长得很高大。"

六月下旬来了几次台风，虽然最后都是绕过巴士海峡，但强风把玉米吹得东倒西歪，一副副喝醉酒、站都站不直的模样。我看得很不忍，拿了棍子去扶；它们第二天又倒下去。我怕又再度伤及它们的根，只好作罢。在等待成熟的日子里，我又在另半畦种了二十棵紫玉米。第二批玉米采收时，第三批玉米也开花了；我又埋下了第四批玉米、第五批……我的大舅子任职于农业试验所，是玉米的专家，在电话中指导我说："玉米一年四季都可以种。"他还叮咛我："小瓢虫会吃蚜虫，是蚜虫的克星喔，不要抓它。"我点头称是。经过他传授秘诀，我种玉米的功力大增。

○ 玉米果实

　　既然玉米一年四季都可以种植，我忽然天真地想："每周种十棵玉米，不就每周都有玉米可吃？"我可不敢对大舅子说，他一定会狐疑地望着我，心想："这妹夫是不是玉米狂热分子？"听中医说食用玉米和饮用玉米须煮的汤，有清热利尿、除湿退黄、降压、降糖、消肿止血等作用，真是宝啊！但我还是适可而止，别把菜园变成玉米田了吧！🐞

小百科 >> 玉米富含碳水化合物、蛋白质、脂肪、β－胡萝卜素、核黄素等。中医认为须（煮汤）及果实均有清热利尿、除湿退黄、降压、降糖、消肿止血等作用。

美菜小窍门 >> 喜生长于气温较高，雨量多且分布均匀，但日照较少的农田或坡地。株距要适当，有少数金龟子与小瓢虫无妨。果实尖端上的雌蕊干枯时即可收获。

43

爱恶参半 的秋葵

秋葵本不在我种菜的名单里，因为我对它十分陌生。市场里罕见它的踪迹，餐馆里也不见它的影子；只偶尔在日本料理店现身，小小一盘只有两三根，脆脆黏黏的，听说是高档营养保健蔬菜。

○ 秋葵果实

开辟了菜园不久，住在隔壁的朋友送我一根成熟干燥的秋葵荚果，漂亮得像木雕作品，我像侦探赶紧上网一窥它的底细。一查之下不禁为之惊艳。维基百科说它是目前全世界流行的保健蔬菜，富含特有的黏性液质及阿拉伯聚糖、半乳聚糖、鼠李聚糖、蛋白质、草酸钙等，经常食用可帮助消化、增强体力、保护肝脏。而且含有特殊的药效，能强肾补虚，对男性器质性疾病有辅助治疗作用，享有"植物伟哥"之美誉……我立刻剥开豆荚，取出绿色的豆子，到菜园去啦。

我在菜园前缘挖了一小畦土地，把种子埋了下去。秋葵发芽率很高，我在每穴播下的两粒种子大都发芽了。为了容纳这些珍贵的作物，我赶紧在菜园的尾端又挖了一小畦，把多出来的菜苗移植过去。这样前后都有了秋葵，既可食用又可当作篱墙，一举两得，秋葵就在我的如意算盘中慢慢成长了。

秋葵长得很慢，小小的身子总是瑟缩在地上，半个月里任凭我怎么浇水、施肥总不见长高，好像伤到生长点的小孩，无法成长为大人一般，我十分泄气。春天里有一次我外出两天，回来后却意外发现它们竟抽高了好几厘米，我揉揉眼睛，不敢相信。自此，它们就飞快地长着，让我又惊又喜。

秋葵心旁长出小小的像果实般的东西，我兴奋地告诉老婆："我们快有秋葵可以吃了。"

○ 秋葵花与果实

每天都盯着它瞧，期望它吹气似地长大。可它并不再长，还在晨曦中开了一朵黄色的花朵，我吓了一跳，以为秋葵像黄花菜的花，开花后就不能吃了。正在懊恼为何不早点摘下它时，老婆说："秋葵不是开花后才结果的吗？人们吃的就是它的果实啊。"这话让我茅塞顿开，也让我这新农夫羞得无话可答，仿佛做错事的小学生站在老师面前。

秋葵花很漂亮，大大的黄色花朵，中间有深褐色的花蕊，在阳光中洋溢着自信的光彩，就是这份力量，让它结出一个个果实。果实长得很快，不到一周已有五厘米，我怕它太老，赶紧请老婆来举行采收典礼，顺便拍下历史镜头。两个人捧着五根秋葵，回到家，用开水稍微烫熟，蘸着酱油膏，又脆又清甜，丝毫没有一般人常说的黏稠之感，实在美味极了。品尝着这道高档的保健蔬菜，全身仿佛立刻散发着无限的活力，小农夫照护的辛苦，也就化作天上的云烟了。

从此，秋葵犹如连续剧一般，每天都上演着成熟的戏码。我种了二十余棵，几乎每天都可采收一打以上；有时一疏忽，再发现时就已长成十余厘米的巨无霸了，但只要水分充足，它们还是很嫩的。有了这么多秋葵，我们也开始尝试不同的吃法。除了清烫，还可以加在火锅中，也可以切段炒肉、煮面等。唯一的要诀是：不可太熟。如果过熟，就会变得黏糊糊的。有一次到附近大卖场，看到里头的日式回转寿司店有秋葵，一盘三根小小的秋

○ 与人齐高的秋葵树

葵售价三十元，我和妻看了都不敢置信。回家后看着我们的一大盘大秋葵，是多么幸福啊。

秋葵愈长愈高，收获也从未断过，它们也没什么虫害让我烦恼，真是菜园里的宝贝。可是前几天竟然在网络上看到一则令我讶异的新闻，标题是："网友投票选'讨厌的蔬菜'，秋葵打败苦瓜夺冠！"他们不喜欢的理由都是"黏不啦叽""像鼻涕一样黏糊糊"。我看了真为秋葵抱屈：秋葵何罪之有，如果能注意熟度和烹调变化，保证可以洗刷秋葵的恶名。

人们对世上万物常有两极化倾向，有的爱之欲其生，有的恶之欲其死，秋葵也夹在这堵墙中间。专家谈增进人际关系，需要加强彼此的相处与了解，我们对食物的感情也是，何况是对人体有益的秋葵呢。种秋葵，我又多了一份口腹之欲外的体验。🐛

小百科 >> 秋葵，一年或多年生草本植物。嫩果可食。富含蛋白质、维生素 A、维生素 B、维生素 C。特有的黏性液质含糖蛋白、果胶、牛乳聚糖等，经常食用可助消化、增强体力、保护肝脏。而且含有特殊的药效，能强肾补虚，对男性器质性疾病有辅助治疗作用，享有"植物伟哥"之美誉。

美菜小窍门 >> 容易种植。但树身大，种植时株距要宽一些。开花后即结果实，约一周即可趁嫩摘下。果实旁易生介壳虫，要经常检查除虫。

47 飞碟辣椒

○ 仿佛一个个要凌空而去的飞碟

说来你也许不信，我种辣椒不是为了食用，而是趣味与欣赏。

我们一家四口都不太能吃辣；尤其是老婆，只要菜中加了辣椒，就会敬而远之。她做菜时偶尔会将辣椒去子，切成长条来配色。但菜园里经常看到结实累累的辣椒，因为辣椒像油菜子，只

要洗菜水中夹着种子，浇进泥土里，不久就会冒出几棵辣椒苗。如果不影响蔬菜的生长，有时我也就网开一面，让它们放牛吃草，快乐地成长。一段时间后，它们就会开花结果，长出一个个辣椒，不过最终都成了堆肥，因为辣椒不像菠菜等普遍受到喜爱，一问朋友要辣椒吗？大部分人都会摇手："喔，我不吃辣椒。"

春节时回岳父母家，大舅子拿出一袋红色果实，说是最新品种的辣椒。小小的果实，仿佛科幻影片中外星人搭乘的飞碟，我一见就喜欢，立刻拿回几颗到菜园试种。种辣椒并不难，把种子撒在小盆子里，发芽后待它有七八厘米高就可定植在菜圃里了。听说这款辣椒也会辣，所以我只点缀性地种了三棵，希望结果后别致的形状可以作室内装饰欣赏。

辣椒的成长很顺利，它的外形高瘦漂亮有玉树临风之姿，像辣椒里的潘安，不像旁边同期种的青椒，矮矮胖胖的。不幸的是青椒开花后不慎得了枯叶病，先是叶子卷起，然后枯黄、掉落；有的叶背长满了白色的介壳虫。青椒气息奄奄，我壮士断腕，立即全数拔除。那三棵辣椒起先也受到影响，有落叶现象，所幸尚未病入膏肓。拔除青椒后，病菌减少，它们渐渐恢复了生机，也愈长愈高大。

五月中旬起，有了近年来难得的长期梅雨时期，辣椒在雨水的滋润下也长得飞快，有半个人高，而且开了许多花儿，长出一个个像飞碟的果实，挂在细细的枝杈上，仿佛玩具店里的吊饰，漂亮极了。我工作结束后总喜欢蹲下来欣赏，它们像一个个飞碟准备飞向辽阔的天空，十分有趣。老圃们来访，也都称赞辣椒长得奇特，辣椒似乎很开心，在微风中不停地舞蹈。

辣椒果实长得像盛酱油的小碟子大小了，颜色由绿转褐，最后成为鲜艳的红，一片红红绿绿，仿佛圣诞树。我把成熟的果实摘下来，放在书房桌上，成了美丽的装饰品，看得趣味盎然，也没想到要品尝它们的味道。辣椒果实逐渐成熟，采收的辣椒也愈来愈多。有一天，妻做菜时，心血来潮加入了几个辣椒，黄瓜丝里点缀着红色的辣椒，颜色极为醒目，就像一幅美丽的图画。最重要的是它像青椒又有清脆的口感，而且只有微辣，老婆还可以接受，我当然更没问题啦。一盘添了辣椒的美味，很快就盘底朝天了。从此，这款辣椒成

○ 仿佛飞碟的果实　　　　　　　　　　　○ 结实累累的辣椒

了我们的好朋友，菜中总少不了它们。望着菜园里还有累累的果实，一架架蓄势待发的小飞碟，我的心中有一份浓浓的幸福。

　　只是连在农业试验所退休的大舅子也不知这款辣椒的名字，市场上也尚未销售推广，我灵机一动，就把它命名为"飞碟辣椒"。感谢这批生机盎然的小飞碟，给菜园增添了无限趣味与美丽，也丰富了菜肴的滋味。

小百科 >> 飞碟辣椒为新引进品种。含有丰富的维生素 B_1、维生素 B_2 及 β - 胡萝卜素等，其中维生素 C 含量居各种蔬菜之冠。外形有趣，甜中带有微辣，可做生菜色拉搭配或摆盘装饰。中医认为，辣椒味辛、性热，具有温中散寒、开胃除湿等功效；但有胃疾者不宜多食，酌量即可。

美菜小窍门 >> 种植容易，少病虫害，水分要适当，不可太湿。结果后可酌情予以疏果。

50 红色珍宝
甜菜根

种菜的念头，有时就像海边的疯狗浪是突然出现的，甜菜根就是，我压根儿就没想到要种它。

邻园郭太太的朋友送她一把甜菜根子，她培出了菜苗，种了两畦后还剩下一些，问我："听说甜菜根可以增强免

○ 可爱的甜菜根

疫力，很珍贵的喔，你要种吗？"我向来就有好奇心，赶紧辟了一畦菜圃，第二天就把它们都种了下去，二十棵甜菜根，占了半畦。

紫色的甜菜根苗，秀气又美丽。小小一棵，风一吹仿佛就会飘走，加上只有细细的主根，有些还没有黏着旧土，我实在没把握它会在新菜畦里活过来；可我的担心是多余的，几天后所有菜苗都露出了笑容，在它们的温床里快乐地成长了。

甜菜根叶很漂亮，绿绿的叶子，红红的叶脉和叶柄，仿佛涂了胭脂，在晨曦照耀下，新叶透出嫩绿的光泽，洋溢着一片盎然生机：这就是生命的喜悦。当植物在泥土里找到可以尽情快乐生长的空间，它们就会绘出一幅美丽的图画。当然人类也是，有温暖的家，和谐的气氛，孩子就会像甜菜根一样长得如此美丽。

甜菜根很容易照顾，除了浇水，偶尔施点有机肥，它像品学兼优的学生，未曾给我带来什么困扰。有时实在不好意思了，会刻意瞧瞧它们身上有没有虫害，它们总是回报我健康快乐的笑容。一个月后，甜菜根有二十厘米高了，它们的根部像孕妇的肚子开始凸起，一个个圆圆的球体像气球被吹起似地缓缓扩大。可它不是往下长，而是往上长，突出了地表，十分有趣。郭太太告诉我："要用泥土把它们覆盖，防止球根老化。"我嫌麻烦，任凭它们生长。有时摸摸那红红浑圆的球体，好像在跟它们握手，也十分好玩。有一次在挖草时不小心碰到一棵甜菜根，竟然把它拔了起来，鲜红的球根睁着眼睛望着我，一副无辜的样子。我也吓了一跳，望着它稀疏的样子，不太相信它会长成一颗棒球大小的菜头。由于还未成熟，我赶紧又把它埋进泥土里，浇点水赔罪；幸好过几天它又恢复了生机，让我松了一口气。

两个月后，甜菜根的球根已长到碗口粗，可以收获了。我心血来潮地和老婆计划，带着相机和脚架，准备拍下我抱着老婆合力拔甜菜根的镜头。可是菜圃旁的马路上每天人来人往，我们担心这种举动会引起众人围观，说不定还会被眼尖的记者发现、拍照，然后上了报。狂想到这儿，两人哈哈大笑。最后决定还是由老婆上镜头就好。她抓着甜菜根叶，想要用力拔，没想到甫一出力，甜菜根就轻松地离开泥土了，和我们联手用力拔萝卜的剧本迥然不同，不禁相视而笑。

把甜菜根洗净，鲜红的菜头漂亮极了，切开来，一圈圈的纹路仿如美丽的年轮，一个个动人的生命之眼。加上排骨熬汤，香香甜甜的实在美味。它的叶子也不要丢弃，切段后加上味噌、小鱼干煮汤，也有增强免疫力、预防癌症的效果呢。

为了增加对甜菜根的认识，我特别上网查了它的资料，发现它可火热得很，每颗要价七八十元，甚至百余元都有。还有农家专门做网购生意，犹如珍宝一般。没想到菜园里这些甜菜根，还真是奇货可居的宝贝呢。自从知道它的不凡身价后，我心里头竟有了一些压力，生怕哪一天被窃贼一扫而光，岂不泄气。幸好我的担心是多余的，直到采收完毕，甜菜根仍然毫发无伤，一个不缺。

○ 甜菜根森林

甜菜根是秋凉后的作物，有了这次的经验，下回我肯定会有更大规模的种植，更好的收成。因为种菜也是和所有事物一样良性发展的，快乐的丰收会为农夫带来更旺盛的工作活力。🐛

○ 成长中的甜菜根

○ 喜滋滋地采收甜菜根

小百科 >> 甜菜根又名甜根菜、甜菜头。根皮及根肉均呈紫红色，横切面有数层美丽的紫色环纹。甜菜根含甜菜红素，有丰富的钾、磷及容易消化吸收的糖，有天然红色维生素 B_{12} 及铁质。中医认为具有补血、抑制血中脂肪、协助肝脏细胞再生与解毒的功能。

美菜小窍门 >> 小苗时极脆弱，苗稍大时再移植或采用穴播。结果时球根裸露，可培土覆盖。叶子亦可煮汤，柔嫩鲜美。

54 | 甜菜根
的家

秋末，是种甜菜根的季节。甜菜根营养
丰富，无论打成汁或煮汤都很清甜爽口。我
买了种子，发出成长的列车。

育苗两周，甜菜根苗长得红嫩，像可爱
的婴儿。翻妥泥土，挖好洞穴，埋进有机肥，
就把它们栽入成长的温床里，每日晨昏浇水，

○ 甜菜根出土啰

○ 准备采收的甜菜根

○ 甜菜根虽小巧却温暖的家

不敢怠慢。但也许是菜苗太小我太心急，甜菜根很脆弱，隔天就死了好几棵，我望着枯萎的菜苗，心受到了重重的一击。再从苗盆里移植补上。过了几天，强烈的东北季风吹拂，甜菜根被吹倒了五六棵，次日竟然香消玉殒、呜呼哀哉了。我把苗盆里的菜苗全数补种上还不够。经过这一番折腾，甜菜根耗损了三分之一，但也逐渐茁壮了。

甜菜根定了根后，成长得很顺利，不但速度快，而且很坚强。无论干旱或强风，都已无法撼动它了，我也就放心了。一个月后它的根部开始变大，是结球的时候了。今年我打算让它顺其自然地裸露，不再为它培土盖住球根，因为野生的甜菜根哪需要这么费工夫呢。

我的改变换来另一种收获：甜菜根球并未往下长，而是渐渐突出地面，如同怀孕的妇女，挺着一颗圆圆的红球，实在漂亮。我浇水时忍不住会摸摸它，一边说："加油！加油！"甜菜根挥挥手，仿佛在向我致谢。

两个月后，甜菜根已可采收了。我好奇地想瞧瞧它球茎底下的神秘世界、成长的奥妙。没想到只轻轻一拔，它就离开了成长的窝巢，球茎底下只有细细的几条根。靠着这几条根，它就能不畏风雨长得如此壮硕，实在令人惊讶。更有趣的是，甜菜根拔起后，留下一个圆圆的小凹洞，这就是它的家呀！甜菜根微笑地望着我："是啊！我家虽小，但一样温暖舒适，让我成长茁壮。"难怪唐代大诗人刘禹锡的《陋室铭》会这样写着："山不在高，有仙则名；水不在深，有龙则灵。斯是陋室，惟吾德馨……"甜菜根的家虽小巧，却长出这么美丽可口的菜啊！ ❀

56 被虫吞噬
的卷心菜

听说我要种卷心菜，老圃都提醒我：卷心菜多虫害，十分难种；若执意要种，要有白忙一场的心理准备。打小时起就把吃苦当作吃补，我不相信凭着勤劳与努力，无法打败小小的虫。辟好了菜园，就去买菜苗。

○ 被虫吃得千疮百孔的卷心菜

当然朋友的建议我还是得考虑的。我只买了绿卷心菜和紫卷心菜各四棵，心想：就这几棵，虫再多，也逃不出我的手掌心吧。

卷心菜苗一落土，毛毛虫第二天就来报到了。小小的蠕动的虫子正在啃噬菜心的嫩叶，叶子被吃了一个个小洞，像一只只小眼睛。我当然毫不犹豫地抓了起来。没想到从此就陷入了与虫虫战斗的噩梦中无法自拔了。每天清晨起床第一件事就是到园里抓菜虫；傍晚也要抓了虫才放心地回家。每次少则四五条，多则十余条；无论我怎么寻觅，叶面和叶背都清干净了，下次它们总是会再度出现，让我百思不解。老圃告诉我，不但要抓虫，还要清理叶面上的虫卵，密密麻麻的虫卵孵化出来就是虫虫大军了。我恍然大悟，连虫卵也要清除，这工程可浩大了。可是叶片上黏着的虫卵清理不易，我找了一支毛笔来刷，每片叶子都刷得干干净净，心想：应该不会再有虫虫了吧？

事情可没这么简单，第二天毛毛虫照样来报到，而且比先前更大只，我吓了一大跳，有严重的挫折感。赶快请教老圃。"虫卵是蝴蝶带来的啊！你看在菜园里飞来飞去的蝴蝶就是散布虫卵的凶手。"翩翩飞舞、充满诗情画意的蝴蝶，竟是菜虫的父母，对蝴蝶的诗意顿时全失。

紫卷心菜菜虫明显少多了，可能是它的叶片比较硬，虫虫不太喜欢吃。它长得比绿卷心菜快一倍。我正为它的成长而庆幸时，有一天却发现六条硕大黑白相间的毛毛虫，把菜心全给吃掉。我怒不可遏，赶紧全部驱逐出境。虫虫抓走了，可那棵没有菜心的卷心菜从此就不再长了。其他三棵也无法避免这样的虫害，纷纷被这种恐怖的虫虫攻占而停止生长。至于千疮百孔的绿卷心菜长到双手大小，总算熬到要结球的时候了。它的中心叶片包了起来，愈来愈多，愈来愈大，我抓得更勤了，除了早晚，中午艳阳高照时也不放过，顶着大太阳巡过一遍才敢放心去午睡。即使三月中旬，小儿结婚迎娶那天清晨，我仍然早起

○ 开始结球的卷心菜

到菜园抓虫，还念念有词地说："别以为今天是大喜的日子，就会放你们一马。"老婆听了，哈哈大笑。

隔壁郭太太比我早种了二十余棵卷心菜。她没有我勤劳，菜叶上满是蠕动的虫虫，有点像水中的沙丁鱼，看起来十分恶心。她说，朋友告诉她，唯有罩上网子，杜绝蝴蝶产卵才能根除虫害。可是乡下哪有卷心菜园是网室栽培的？"那就要勤喷农药啰。"难怪曾经在电视上看过有些鸭鹅吃了外层的卷心菜叶而暴毙的新闻，那就是严重的农药残留的结果啊。听起来十分骇人。

在发现结球的卷心菜中冒出毛毛虫时，我彻底打消期待它长大的念头了。一方面是我无法再将卷心菜球的叶片一一翻开检查，它们攻入卷心菜球心时，除了喷药已无计可施？另一方面经过一个多月的缠斗，我实在累坏了，每天抓虫已把我弄得紧张兮兮，连梦中都有虫虫。如果真的无法栽培有机卷心菜，那我何必如此辛苦地坚持，完成这个不可能的任务呢？虽然只有区区八棵卷心菜，我也无法好好照顾它们，被虫虫彻底打败了。我也发现：虫多就是力量，别看小小的虫虫，也会斗垮一个大男人的。

经过一夜思考，我向虫虫们举白旗投降。在晨曦初照时分，虫虫们正在享用甜美的大餐时，我用力拔起卷心菜，把它们排在田埂上，向它们敬礼，感谢它们一个月来给予我的磨炼，留下这页奋斗的历史。只一个上午，它们立即干枯，虫虫们从此在菜园里销声匿迹，蝴蝶也识趣地飞走了。我，也走出抓毛毛虫的噩梦，从此海阔天空。还是佛家说得好："生命有时要舍，才能得。"

小百科 >> 卷心菜，喜高冷环境。富含维生素 A、维生素 B_2、维生素 C、维生素 K_1、维生素 U，钙的含量也高。中医认为性味甘平，可清热利尿、解毒、润肠通便，改善胃溃疡、十二指肠溃疡、便秘。

美菜小窍门 >> 株距宜稍宽。极易有青虫为害，要经常检查除虫；结球后虫害稍微缓解，但仍要留意，以免虫儿钻入菜球，难以寻找。

60 落地生根
的红薯叶

红薯

谈起红薯，岁数大的朋友大概都不陌生。在家境贫寒、物质不丰的年代，白米有限，红薯成了三餐的主食。在产期可以吃到新鲜的红薯，再把红薯刨成丝晒干，装在麻布袋，供青黄不接时食用。久存的红薯干不但失去了甜分，还

○ 生生不息的红薯叶

有浓浓的霉味，但为了活命，也得忍着扒进肚里。

种红薯叶其实是为了老婆。老婆爱吃红薯叶，开园以后就叮咛我要赶快种，让她每天都能大快朵颐。我迟迟没有栽种，经她三番两次提醒，才知道是说真的。于是到市场去寻觅可口的红薯叶。买了几回试吃后都不满意。直到有一天，经过一个只卖红薯叶的菜摊，他已做完生意在收拾了。我指着他身旁一大篮的红薯藤，问道："可以送我一点吗？"他答得很干脆："要喂天竺鼠的，不行。"我求他："我只要一小把，回去种给老婆吃。"他听了眼睛一亮，立即抓了一大把给我，我飞奔到菜园里种了下去，也没问他红薯叶的口味如何。

红薯叶像油菜子，落土后很快就长根发芽了。望着嫩绿的新芽在晨风中摇曳，心中有说不出的快乐。难得有爱吃这么平凡的红薯叶的老婆，我还能不努力照顾吗？每天稍微浇点水，它就长得更快更好了。半个月后我摘了一小把红薯叶回家，炒了一盘，又嫩又美味，老婆吃得好开心，给我一个吻，我的心都飞起来了。

老友听说我要种红薯叶，给了我一把牛奶红薯藤，说是新品种，顶好吃的。我辟了一小畦地，如获至宝地把它种下去。三个星期后就爬满了菜畦。我摘了一把回去炒，却有点苦。老友说是太嫩了，要成熟一点的，我半信半疑。第二回，我等它们长大了些再摘，果然可口多了。才知道吃菜也要配合植物们的个性，不然就会适得其反。

既然老婆爱吃红薯叶，我又另种了半畦。它们也长得飞快，爬满菜园。从此每餐餐桌上几乎都有红薯叶，老婆吃得很开心，我倒是先吃腻了，有时是忍着吃完的，于是开始把红薯叶往外送。知道大多数人并不是很爱吃，所以每次都会美言几句："有机栽培的，不洒农药的喔。"朋友们一听都欣然接受。于是餐桌上的压力减轻了，我也松了一口气。

老友告诉我："红薯叶也需要水，不然会变得很老。"我知道它很容易种，听过就忘

○ 欣欣向荣的红薯叶

了。到了夏天，菜园干旱，有时一个星期根本都没给它喝水。发现它的枯叶多了，叶心部分变成了褐色，摘起来像橡皮一样韧，我才知道太疏忽它了，赶紧为它浇水。只是为时已晚，有几个星期我根本不敢摘这种老红薯叶回家炒来吃。老婆疑惑地问我，我心虚地说："天气太热，红薯叶太老，不好吃，会破坏你对红薯叶的印象。"

　　有一天，我在挖土香草时，突然挖起一颗小红薯，才猛然想起它是会长红薯的。赶紧告诉老婆，她眼睛一亮，立刻要我去挖来尝尝。我抢起锄头，用力往下挖，当淡黄色的果实在黑色泥土中出现时，仿佛挖到了宝藏，我开心得手舞足蹈。老婆把红薯洗净，连皮切成块，加上枸杞、红枣，煮了一锅红薯汤，冷热咸宜，真是盛夏消暑的圣品。品尝着亲手栽种的红薯，心中有一份浓浓的幸福感。

　　半畦红薯慢慢挖了两个星期才吃完。我清理好土地，让它休息一阵子，又在另一畦地里种上新的红薯藤。不久红薯叶又会藤繁叶茂，成为餐桌上的美食。因为它像油菜子，落地就会生根，没有不能成长的土地。只是别忘了要为它浇水，才能长得嫩绿可口。毕竟，它连肥料都可以不施，又长得比杂草快，草只能瑟缩在它的藤蔓下，水只是它最卑微、最基本的需要啊！🌸

○ 可爱的红薯花

小百科 >> 红薯还可以制糖和酿酒、制酒精。中医认为红薯补虚乏、益气力、健脾胃、强肾阴。1995 年美国生物学家发现，红薯中含有一种化学物质脱氢表雄酮（DHEA），可用于预防心血管疾病、糖尿病、结肠癌和乳腺癌。红薯叶富含维生素C、维生素B_2、β－胡萝卜素及酚、钙、磷、铁。

美菜小窍门 >> 容易生长、少虫害；但要留心蜗牛和草蛉。水量宜多。叶用类要注意剪除多余藤蔓，才会长得漂亮。

64 平凡沉潜
的花生

那是很遥远的岁月了，就读初中时，国文课本有一篇许地山先生的《落花生》。描写家人在屋后种花生，收获后品尝花生的情景，其中父亲跟子女的谈话，深深印在我年幼的心坎上。父亲说：

○ 挖开泥土，可爱的花生们向你打招呼

"这小小的豆不像那好看的苹果、桃子、石榴，把它们的果实悬在枝上，鲜红嫩绿的颜色，令人望一眼就心生羡慕；它只把果子埋在地下，等到成熟，才容人把它挖出来。""所以你们要像花生；因为它是有用的，不是伟大、好看的东西。"

那年暑假在花生工厂打工，接触到琳琅满目的花生，有红的、黑的、条纹的、粉红的、褐色的，令我大开眼界。每天剥花生、测量花生，当然也吃花生，吃得我长了满脸痘痘，但也因此喜欢上了花生。现在茶桌旁、冰箱里，炒花生、煮花生几乎没断过，花生的香气一直回荡在我的胃里，像上了瘾一样，几天没吃，就不觉会想它。有了菜园，因为缺水，寻找耐旱的作物，花生就成了最佳选择。

四月下旬到杂货店买了半斤花生，粉红的色泽像少女粉嫩的皮肤，漂亮极了。 挖好沟畦，埋上基肥，每隔二十厘米种上两颗，种了两个半畦，覆上泥土，盖上草，浇水，就等着它发芽。五月初我和老婆到东欧玩了十二天，回来后第一件事就是去菜园探望它们。菜园里干旱得像沙漠一样，花生畦里只零零星星地冒出了十几棵苗，发芽率不到百分之十，我像泄了气的皮球差点昏倒。杂货店老板当初信誓旦旦地说："这么漂亮的花生保证一定发芽，种子店也是在我这里买的。"唉，我总不能因半斤花生这种小事去找他理论吧。

我把花生苗集中种成四排，施点有机肥，就让它们努力去生长。不知是肥料的作用，还是我经常浇水的缘故，花生苗长得很快，没多久就一片蓊郁，藤蔓侵犯到隔壁的胭脂茄美女。我把它们翻回来，它们堆挤在一起，似乎有点无奈地望着我，埋怨我没给它们足够的空间。

五月中旬花生开始陆续开花，黄色的小花在绿叶丛中分外耀眼美丽。开花处落土后就会长出花生果，这些花就是希望之花呢。我望着像星星般的花朵，想到它们正在泥土里鸭子划水，默默、努力地繁殖下一代，心里一阵感动。许地山父亲的话不觉又萦绕在耳际，分外鲜明。

六月底，台风来袭，菜园里强风肆虐，我并不担心花生被摧折，担心的是雨水充足后，它会太过茂盛，藤蔓太多，长不出果实。我的忧虑竟然成真，花生藤蔓几乎高过茄子树。想到四月份在绿岛看到矮矮的、趴在泥土上的花生，不禁怀疑地问主人，他笑着说："别小看它长得这样不起眼，可超会结果呢，结出来的花生又香又甜。"我的花生藤长得像巨无霸，会结出果实吗？我看着黄色的小花，不禁疑惑了。

八月初，有一天我在挖土香草，无意中竟然挖出一颗花生，吓了我一跳，抖抖泥土，露出雪白的花生壳，飘来香喷喷的味道，我开心得几乎要飞起来了。赶紧捧回去给老婆欣赏。把它洗净，剥开来，两颗饱满的淡粉红色的花生仁，像婴儿般粉嫩的皮肤，美极了。各尝了一粒，好甜啊！我又挖了几颗来试，嫩嫩的还未成熟，决定少安毋躁，再等几天吧。

八月中旬，距离我播种花生四个月后，一个天朗气清的日子，我们决定举行花生丰收祭。我拿着锄头，用力往花生畦挖下去，拨开泥土，一群群淡黄色的花生露了出来，仿佛在向我们打招呼，原来泥土里是如此热闹啊。摘着花生，菜园里飘散着迷人的香气，我们都陶醉了。

把花生洗净、煮熟，和老婆在灯下品尝。清香甜美，阳光和健康的香气在嘴里散发开来。老婆吃得笑眯眯，开心地说要把花生送给亲爱的爸妈，可爱的儿子媳妇、女儿女婿。我笑一笑不忍提醒她：我们只有十棵果实不多的花生，僧多粥少，恐怕还没配送到他们手上，早已全进了我们的肚子里。平凡的花生沉潜泥土数月，换来人们的喜悦，它们如果有知，一定也会开心吧。我想起许地山说的"人要做有用的人，不要做伟大、体面的人"了。在这个自我吹捧、推销唯恐不及的年代，这句话更如空谷足音，沉默的花生不知是否会赞成。肯定的是：下次我会注意选种和栽培，不再重蹈覆辙。务农，也要像学生学习一样汲取经验，不断地检讨改进呢！ 🐾

○ 花生畦

○ 欣欣向荣的花生苗

小百科 >> 花生，茎上开花，开花处落入泥土里结出花生果。种子富含脂肪和蛋白质，蛋白质中含有人体所必需的几种氨基酸，营养价值甚高。可直接作为食物或榨油。

美菜小窍门 >> 做畦时要多放堆肥。开花时注意浇水。结果时期水分要适量，藤蔓太高太多，会影响结果量。待藤蔓略显枯黄时即可掘土采收。

68 | 丝瓜，
瓜瓞绵绵

和南瓜、黄瓜一样，丝瓜是农家三大爬藤类作物之一。春天时节，你看哪一户农家的庭院棚子上不爬满丝瓜的？想要种丝瓜，就像汽车要有轮胎，文人要有纸笔一样，是菜园蓝图里重要的一环。

春节过后天气暖和，是种丝瓜的好时辰

○ 长相奇特的澎湖丝瓜

了。还没去买种子，邻园的郭太太就送我几颗澎湖丝瓜种子。想起多次在餐厅尝过"丝瓜蛤蜊汤"，澎湖丝瓜的美味一直让我恋恋难忘，当然就立刻把它种在水泥围墙下。它喝了几口春天的水，在春阳的呼唤下，很快就发芽了，然后快速地往篱墙上爬。但可能是日照不足，细细瘦瘦的身子让我很担心，将来如何长出硕大的丝瓜？于是赶紧浇水、施肥，照顾得像小婴儿一般。

还没爬上围墙，它就开了一朵黄色的小花，鲜艳的黄花为斑驳的水泥墙抹上一缕生机，美丽极了。黄花后跟着一根小小的丝瓜，羞涩的模样好像弱不禁风的纤瘦少女。可惜初长的丝瓜很快就转黄、夭折了，我虽有点失望，但小时候看过太多丝瓜成长的经验，知道这是它成长的过程，也就放心地为它摘心、绑竹竿。它经过一周日夜不眠不休的努力，终于爬上了围墙，迎着春风开心地唱起歌、跳起舞来了。

摘心后的两棵丝瓜，以极快的速度长出十余条藤蔓，向四面八方奔驰而去：有的在草地上爬着；有的仿佛攀岩的高手抓住围墙突出的水泥或钉子，吊在半空中晃呀晃地荡秋千；有的紧紧抓住它的藤蔓兄弟爬着，模样十分有趣。我只能控制长在前头的几条主藤，用石头把它们像犯人一样重重地压在墙头上，它只好乖乖地爬着，努力地往前进。

澎湖丝瓜不像一般长形或圆形丝瓜那样可爱，小时候就棱线分明，像剥开的橘子一瓣一瓣的。长大后棱线愈来愈粗也愈来愈硬，像莱果类的铁甲武士。我和老婆研究着仿佛外星球来的玩具般的它们。老婆很有想象力，说澎湖多风，硬硬的棱线像男生，在碰撞时可以保护娇嫩的果肉。多精辟的解释！我听了赶紧抱住她，好像自己就是澎湖丝瓜的棱线般。

也不知道丝瓜到底成熟了没，长到像老婆手腕粗时，我们就先摘了两根回去尝鲜。虽然削皮费了一点劲，幸好果肉十分鲜嫩，炒起来清甜极了。两根丝瓜炒起来只一小盘，很

○ 美丽的丝瓜花

快就盘底朝天了。有了这美好经验，从此就更细心地照顾了。丝瓜也不负我们的期望，虽然长得不多，可几天也能采收个两三根，餐桌上就经常有它们的美味了。

丝瓜也很调皮，它们喜欢爬过围墙去探险。围墙另一头是茂密的杂草，它们躲在里头像在玩捉迷藏。我隔几天就要爬上墙头瞧瞧，当然也会发现成熟的丝瓜，赶快采收起来。有时事情一忙忘了，就会发现一根根老掉的丝瓜，睁着黄黄的眼睛望着我，如同唱着那首《白发吟》的老歌："亲爱我已渐年老，白发如霜银光耀……"我只好放它一马，等着采收丝瓜瓤吧。

从此，丝瓜就在围墙上逐渐扩大地盘，总不会忘记长出一根又一根丝瓜，让我们度过了春天，又陪着我们在夏天里消暑，我感激得真想颁一张奖状给它，上面写着："查澎湖丝瓜尽忠职守，长出一根又一根清甜美味的瓜，既饱主人胃，又可作为众菜们的模范，殊堪嘉许，特颁奖状以资鼓励。"然后钉在围墙上，天天念给丝瓜听，保证它一定感动得涕泗纵横，又结出一堆丝瓜让我们享用。老婆摸着我的额头，说我一定是哪根筋不对劲，才有这种狂想。

夏天，台风来了，围墙上的丝瓜终于尝到瓜路的坎坷。抓得不够紧的纷纷从墙上跌了下来，瘫在墙脚下纠结成一团。我拉拉它们，实在无力拆解，只好勉励它们各自努力突围。

它们也真坚强，不久就分道扬镳，又爬上了围墙，快乐地舞蹈去了。

　　仲夏后，丝瓜不但叶子逐渐枯黄，也不太结果了。仿佛盛夏的太阳把它们晒昏了头，失去了生命力一般。我望着一墙奄奄一息的丝瓜，有一丝丝伤感：丝瓜如人，也会老去、死亡吧！但它总算为我们结出了无数甜美的瓜果，供我们食用，也是居功厥伟。有一天，我在除草时，无意中弄断了一棵丝瓜，它也没有任何声音，只流下几滴伤心的眼泪。我愣在那儿，不知所措。八月下旬回台中老家，说起我种丝瓜的事。妹夫教我一个好方法："挖松泥土，放上堆肥，再灌些水，丝瓜就会再生，还可以长一季。"我半信半疑地在仅存的那棵丝瓜上忙了一番，还对它们念念有词，祝它们生生不息。

　　妹夫的方法真有神效，一周后，丝瓜竟长出新芽，又快速地爬满围墙，开了黄色的小花，结出了累累的果实，比春天还多。一墙长着坚硬棱线的澎湖丝瓜成了菜园最神奇、也最令我大开眼界的事。如果我在夏末时把它们砍掉了，如果妹夫没告诉我这个方法，也许我就无法见证这种植物生命的奇迹了。

　　时序进入岁末，围墙上的丝瓜虽然已呈现叶片枯黄的疲惫老态，但黄花仍开满墙头，瓜儿仍一根一根地结，我想起《诗经·大雅·绵》的："绵绵瓜瓞，民之初生，

○ 可爱的丝瓜

○ 努力往上爬的丝瓜苗

○ 像在荡秋千的小丝瓜

自土沮漆。"将生命的繁衍用平凡坚韧的丝瓜为喻，实在贴切极了，因为在瓜瓞绵绵中，生命才能薪火相传啊！种了丝瓜，我又多了一份对先贤哲理的体验。🐝

小百科 >> 丝瓜，富含水分、蛋白质、糖类、维生素 B 族、维生素 C、铁、钠。据《本草纲目》记载，丝瓜全身均有奇效：丝瓜络性清凉，活血、通经、解毒，又可为止痛、止血药。瓜肉镇咳、祛痰、利尿、治痘疮。瓜叶、瓜茎治疮毒。瓜水镇咳、健胃、解毒。

澎湖丝瓜原名棱角丝瓜，因盛产于澎湖而得名。

美菜小窍门 >> 要搭棚架或攀爬于篱墙上。结果时可套袋或用报纸包裹，以防果蝇叮咬。

74 棚架上的
小精灵

夏末，四季豆、豇豆相继退出菜园舞台，我准备栽种向往许久的豌豆。想种豌豆，是感情的因素：小学时读了安徒生的短篇童话《豌豆荚里的五颗豌豆儿》，五颗豌豆被调皮的小孩用豆枪射出去，有的被鸽

○ 可爱的豌豆

子吃了，有的落在水沟里烂了；有一颗落到了一个长满青苔和真菌的裂缝里，发了芽，开了花儿，让一位久病的小女孩对生命产生了信心。小小的豌豆像阳光照亮了阴郁的生命，发挥了无比的力量，深深印在我的心坎里。有了菜园，到了种豌豆的季节，焉能错过影响我童稚心灵的豌豆成长的机会。

我要种豌豆，老圃们都不看好，直说豌豆不易种，结果率不高，肥料若不够，荚果也不漂亮。但还是那句老话：从小把吃苦当作吃补，那些理由只会增加我的斗志。买了种子，顺便请教老板诀窍。老板只说："豌豆授粉不易，每穴可多种几颗。"我谨记在心，赶快把种子播下。它也不辜负我的期望，几天后平日常吃的熟悉的豌豆苗从泥土里探出了头。我开心地为它们浇水，还唱歌给它们听。

种豌豆果然不易，发芽没几天，台风来袭，灾情之大连天地都为之哭泣。等天晴后，豌豆苗竟然全部烂根，一命呜呼了。我愣在棚架前，才不过几秒钟，就知道要像灾民一样，没有悲伤的权利，赶快重种。

豌豆苗长得很慢，细细瘦瘦的像纸片人模特儿，好像风一吹就会不支倒地。为了迎接这些娇贵的豌豆，我布置了"重兵"，把竹竿立得密密麻麻，好方便它们爬上去。它们的习性却跟四季豆和豇豆完全不同，不会绕着竹子爬，只用须须钩。我立的竹竿虽不粗，也无法让它们的小手轻易地抓住，我只好用塑料绳把它们绑在竹竿上，也是徒然，架子似乎只是让它们累了靠一下的肩膀而已。但老板告诉我的方法有了另一种作用。几棵豌豆长在一起，它们竟然手拉着手像一面墙站了起来，我只要绑一两棵，它们就直挺挺的，连秋季遒劲的东北季风都无法吹倒。这真出乎我的意料，也就放心地让它们自由发展了。

只爬到半竿子，豌豆花就在晨曦中来报到了。它的花瓣有两层，外层像是粉红色的蝴蝶羽翼，内层则是深红色像半开的贝壳花瓣。我看得着迷了，赶紧回家取来相机为它拍照。婀娜多姿的花朵似乎比荚果更抢镜头呢！没想到花开了几天，凋落前又转成了紫色，棚架上红红紫紫像节庆悬挂了彩带一般，充满了一片喜气。我和老婆看得如痴如醉，直叹植物怎会如此懂得精心打扮自己，还不必耗资购买化妆品，做各种整形手术，造化实在太眷顾它了。

赞叹声甫落，凋落的花朵便孕育出了小小的荚果，像绿色的小月亮，十分可爱。荚果愈来愈多，但不像四季豆和豇豆的高头大马，气势雄浑惊人。它们秀秀气气的一小片一小片随风摆荡，棚架上这些小精灵多么富有诗意啊！一个星期后，我们举行了收获祭。我拍下豌豆美丽的身影，老婆负责采收，摘了十六荚，放在火锅里氽烫，清甜爽脆，比顶级的

○ 结实累累的豌豆

燕窝鱼翅还美味。

为了让豌豆有充足的营养，我在仲秋又加了一次肥。掩上泥土，浇上水，它们似乎感受到我的爱心，花开得更多更美，荚果当然也就源源不断地进了我们的五脏庙。老圃们看了直呼不可思议，我这菜鸟种的豌豆竟有这等迷人的风光。我的心当然也快乐得飞到棚架上，和那些红红绿绿的、一个个可爱的精灵，一起舞蹈，一起欢呼："呀嗬！"声音在菜园回荡，众菜们听了都悠然神往。我知道，秋日的菜圃、棚架上的精灵还会带来更多的喜悦。

○ 美丽的豌豆花

○ 豌豆新苗

小百科 >> 豌豆的嫩荚、豆粒、豆苗都可食用。富含高蛋白、脂肪、糖类、维生素 B_1、维生素 B_2、胡萝卜素、维生素 B_3 和粗纤维。中医认为有增强免疫力、防癌抗癌、通肠利便等多项保健功能。

美菜小窍门 >> 豌豆不会旋绕竹架攀爬，要用绳子分段绑住。可采穴播，一穴可多播几颗种子，留二三棵方便授粉与结果。

78 网室天地

种了半年菜，俨然是一位老圃了。尝遍种菜的酸甜苦辣，自然就想来一番维新运动，解决遇到的难题。幸好我家老婆对我种菜一向抱持着"爱的鼓励"，我也不必经过众菜同意，拥有完全自主权。

其实种菜的困扰并不难解决：土地贫瘠可施有机肥；干旱可多浇水；最大的困扰还是虫虫危机，遇到排山倒海而来的虫虫大军，我几乎是无计可施，

○ 网室里的白菜

只有举白旗投降。老友最近学了利用网室栽培的好方法，简单实用，价格又低廉。我一听，赶紧去观摩。回来后量好菜畦长宽，到塑胶店里剪了两块纱网，又去买了一大捆竹子，就在菜园里"大兴土木"起来。搭好竹架，把纱网盖上、拉直，四周用石头压住，就是一个简单的网室、蔬菜们安全舒适的床了。

有了网室，先前容易得虫害、我一直不敢种植的蔬菜们都可以搬上舞台大展身手了。我先撒上白菜苗，再培育大头菜。白菜三天就发芽了，它们在网室里伸伸小手，摆摆腰，一副自得的样子。蝴蝶在外头绕呀绕的，就是没法儿进来在上头产卵，不能产卵，当然就没有毛毛虫会吃它们啰。我看了十分得意，没想到这样一个小网室，竟然可以解决菜园的虫虫问题，我真是相知恨晚哪。白菜半个月后就可以开始采收了。它们的身子白得像雪，鲜嫩的黄绿色叶子一弹就破，我小心翼翼地摘了一把，回去炒了一小盘，又脆又甜，真是棒透了。晚上吃火锅时，涮几下就放入嘴里，更是好吃得没话说，一大盘白菜，不一儿就被我们一扫而光。老婆说："老公，你真厉害！"我当然是心花朵朵开，一切辛苦都烟消云散了。

吃着白菜，才想起同时播种的大头菜。望望花盆里的十余棵小菜苗，想起电视里孩子成长的广告："明明是同时种，也差那么多。"没办法，我总不能骂它们，只好等它们长出三四片叶子时，再移入网室里享受没有虫害的快乐时光吧。它们发芽虽慢，落土后却长得极快，身材比白菜大又高，远远超乎我的意料。其中有一棵鹤立鸡群，手脚比别人长一倍，没多久就顶到了上头的纱网。一开始我不以为意，认为是它天赋异秉，吸收特别快，开始结头后就不会再长高了。没想到它并未停止，用力顶着纱网，好像活力充沛的小孩。我打开纱网仔细瞧瞧。看看叶子，模样差不多，再看看它们根部，咦，别人都已有了一个小小圆圆的头，它却直挺挺的，毫无动静。我把疑问告诉老婆，第二天一起去会诊。老婆也看

○ 网室是蔬菜们的乐园：欣欣向荣的菠菜　　　　○ 网室竹架

不出什么端倪，我却当机立断：它一定不是大头菜。好像是西兰花或芥蓝菜。我把它移出网室，种在半结球莴苣旁，以观后效。

五块钱的白菜子培育出的成果，数量还真不少。我们吃了几次，还可以分送给同事与邻居，最后全数摘回父母家，放在牛肉面里进了我们的五脏庙。这都拜网室的功劳。邻园郭太太可就没这么幸运，她的白菜叶被吃得像纱网的洞洞，惨不忍睹。她看着我网室里漂亮的白菜，羡慕极了。

大头菜慢慢茁壮成长起来，根部也像陀螺般愈转愈大，只要我继续施肥、浇水，它们在网室里结出大大的菜头是指日可待的。白菜采收完毕前，我已在培育卷心菜苗，打算利用网室栽培年初被虫吞噬的卷心菜，一定会成功地扭转局势。除了卷心菜，我还要种花椰菜、西兰花……这些容易招虫的蔬菜都想要请它们住进这个乐园。让虫虫们在网室外垂涎三尺，和我当初看见蔬菜们被它们吃掉一样，恨得牙齿痒痒的。想到这儿，我的心就像春天的风筝飞了起来。

每天看着众菜们在网室里成长、变化，觉得造化真是奇妙。世间万物拥有各种样貌：高矮胖瘦、方圆曲直各异其趣，只要适得其所，无不快乐生长。如果遭逢灾害，命运就会坎坷多舛，需要更多精神与力量来克服。网室里的天地何其安全、可爱，而人间呢？我们如何营造一个安全、没有任何灾害的环境，让我们的子女茁壮成长？

○ 网室里的大头菜与白菜

　　附记：被移出的那棵菜，半个月后长成了花椰菜，约有大头菜株的两倍高；两种菜幼时几乎像孪生兄弟一样。掺入的这颗种子可能是农家操作不慎误置。🐛

小百科 >> 网室并非蔬菜的金钟罩，它可阻绝大部分昆虫，但无法抵挡细小的病菌。如网孔太密会导致通风不易，使室内温度增高，蚜虫等小虫反而容易滋长，要小心防范。建议在菜园工作或浇水时可打开网子，顺便检查是否有虫害。

82 | 萝卜
联合国

萝卜

秋高气爽的季节到了。秋天是多么美好的季节：农民的作物成熟了，一季的辛苦有了回报；爱旅行的人结伴去游山玩水赏枫叶；怕热的人暂时告别炙人的艳阳……秋天也是种菜的好季节，爱种菜的人开始计划大显身手了。

○ 可爱的萝卜好像要跳出泥土一般

我早就规划了秋天的第一批作物，要来个萝卜联合国：白萝卜、胡萝卜、红皮萝卜。老婆听了很开心，因为她属兔，喜欢吃萝卜；我也是。

　　撒下种子，覆土、浇水，拍拍手上的灰尘，看，就这么简单！几天以后，小家伙们纷纷伸出手来，好奇地跟我打招呼。我为它们浇水，叮咛它们可得快快长大，它们的女主人等不及啦。萝卜们很听话，没几天就长出叶子。它们的叶子各有特色：白萝卜长长的，红皮萝卜像艺术家，三对羽状加一片椭圆形的叶子十分别致；胡萝卜则迥然不同，细细的针状叶子，与茴香菜几乎一模一样。我仔细地端详它们，看得趣味盎然，老婆也过来凑热闹。她看到胡萝卜苗，有点不好意思，勾起了一段糗事的回忆：刚结婚时，我们赁居在一栋田园中的小屋，我向屋主借了一小块地种菜，也种了一畦胡萝卜。有一天放学回家，老婆喜滋滋地向我邀功："人家今天有帮你拔很多草喔，很辛苦呢！"我赶快跑去菜园看看，差点昏倒。老天，她已把胡萝卜苗拔掉了一半。老婆委屈地说："人家听说草都长得比菜高，我看它们长得那么高，那么细又那么多，以为是草，就拔起来了。"不仅如此，她有时还分不清土香草和韭菜。所以，只要她心血来潮要到菜园"视察"，我都亦步亦趋地跟着，好像主管后头的小科员，生怕她又一时迷糊，把我的菜看成了草都拔光了。

　　菜苗发芽后，我为它们疏苗，凭着记忆和想象，每隔七八厘米一棵。刚开始它们仿佛站不稳的醉汉，歪歪倒倒的。我心想这怎么成，赶紧培土让它们立正站好。它们的根也细细的，真让人怀疑怎么会长出硕大的萝卜。萝卜苗慢慢长大，叶片上竟出现了一个个小洞，糟糕！又有菜虫来捣乱了。想到菜虫，就勾起卷心菜被虫吞噬的惨痛记忆。我赶紧寻找菜虫。众里寻它千百度，终于在叶片后看到它们的身影，我当然立即将它们丢过大沟，消除后患。从此又陷入了与虫虫们大战的噩梦中，连带着对菜虫们的元凶——蝴蝶们，也驱之而后快。说也奇怪，蝴蝶们似乎知道我不好惹，每天大多在围墙对面的鬼针草花上飞舞，对我的菜园兴趣已不高。我与菜虫们的大战只维持了两个星期，便因萝卜叶愈长愈多，它们偶尔吃掉一两片也不成灾害，我也就放手不管了。忙完菜虫，有一天我意外发现，叶片下的根部逐渐膨胀，是长萝卜的时刻了。我兴奋得像初次远足的学生，告诉老婆这个好消息，还拿着相机拍下这历史镜头，只差没拔起萝卜来拍照了。

从此，我像好奇宝宝，每天都到萝卜区报到，看看它们成长的进度和可爱的模样。白萝卜雪白的身子像冰清玉洁的少女；红皮萝卜粉嫩的红皮肤像擦了胭脂一般，羞答答地探出头瞧着我，好像在跟我打招呼。我简直为它们着迷了。拉着老婆来瞧瞧它们的美貌，老婆说："拔一根来煮汤尝鲜吧。"吓得我赶紧摇手：它们还只在婴儿期呐。

萝卜们每天竞赛似的长着，仿佛吹了气一样的。露出了半截身子，我开心地摸着它们说："加油！"小小农夫的快乐，真是南面王不易也。可是胡萝卜就没有这么顺利了。它们秀秀气气地长着，连发芽都比别人慢个半拍。细细瘦瘦的身子弱不禁风，半个月只长了四五厘米高，真是急坏我了。我施了肥，浇着水，它们在晨风中轻快地舞蹈，可就是不慌不忙地长着。白萝卜和红皮萝卜长得十分硕大了，胡萝卜还只是小不点儿，我计划举行的"萝卜联合国大会"看来要延后了。有时计划总跟不上变化，胡萝卜的成长就是最好的例子。

采收萝卜是件大事。我把老婆请来当模特儿，本来也想仿照小学课本里的拔萝卜课文，来一场拔萝卜实况录像。可是萝卜实在不大，不必如此大费周章，老婆面带迷人的笑容，只轻轻用力，萝卜就离开泥土，成为我们开心的收获了。带着红、白两种萝卜，闻着它们特有的香味，我们手舞足蹈地回家了。不久，餐桌上就有了一道可口的金钩萝卜汤，香甜的萝卜让我们口齿留香久久难忘。根据老婆的分析：白萝卜味道浓烈，像男生般粗犷；红皮萝卜肉质细，味道清淡，似女生般秀气。我听了佩服得五体投地。

十一月初，我和老婆到日本奥之细道赏枫五天。临行前叮咛萝卜们可要庄敬自强、努力成长。回来后到菜园查看，没想到两块萝卜园地全被虫虫们攻占，所有的叶子都千疮百孔，惨不忍睹。我看了差点昏倒，本想实施除虫计划，但它们实在已病入膏肓，叶子上全是虫卵和虫虫，只好放弃。我拿起剪子把它们理成平头，看看能不能减轻一些灾情。就这样，萝卜们的成长戛然而止，我拔起萝卜分送友人，最后还送回高雄岳父家请大舅子做成萝卜干。长得慢一点的红皮萝卜有的像热狗，有的像乒乓球，我一餐可吃好几十根。把萝卜种成这等光景，实在惭愧。

辛苦栽种的一片萝卜，在这场意外的虫虫事件后，提早进了我们的五脏庙。我瞧瞧一旁的胡萝卜，它们已有十来厘米高了，疏苗时拔起的胡萝卜也有铅笔般粗了，又甜又香，实在令人期待，最多再过一个月我就可以采收了。虽然我的"萝卜联合国"盛宴无法如愿举行，那又何妨！世事如棋，稍微一转又是一番风景，种菜何尝不是。

菜苗能顺利成长已属幸运。辛勤耕耘，欢呼收获，这是千古不易的道理。但想到俗语说的"一分耕耘，一分收获"当中的"一"字，并非十分或百分之一，而是"全部"之意啊。因为只要中途稍一疏忽，也许就会前功尽弃，那就徒呼负负了。萝卜联合国的种植，让我对先贤的哲理又有了新的体认。

小百科 >> 萝卜品种极多，依颜色有红皮、白皮、紫皮等，依根部形态可分球形、长形等。萝卜含有多种维生素，以白萝卜最多。性凉，有清热气、解毒的功效。但体质偏寒或有胃病者不宜多食。中医认为萝卜会"化气"，进食补品后就要避免食用萝卜，以免影响补益效果。

美菜小窍门 >> 茎叶极大，株距宜宽。喜欢冷凉气候，土壤以松软深厚为佳，土中的小石子要仔细清除，以免根部变形。生长时易生青虫，要经常检查除虫。结实期间水量要适当，太多则易腐烂。

①胡萝卜苗

②红皮萝卜

③红艳剔透的胡萝卜

④又脆又甜的萝卜

88 | 大头菜的 双城记

大头菜

狄更斯的《双城记》有一个脍炙人口的开场："这是一个最好的时代，也是最坏的时代；这是光明的时代，也是黑暗的时代……"老子也说："祸兮福所倚；福兮祸所伏。"世事总隐含着两个极端，摆来荡去让你难以预料。以我种大头菜的经验，对这些话体会特别深。

○ 采收的大头菜

种菜书

大头菜与卷心菜同属十字花科，都易遭毛毛虫害，我在年初种卷心菜时曾被虫虫击败，以致不敢再尝试。秋初，向好友学搭网室种植，才重新燃起希望。育苗、培土，忙得十分起劲。先试种了同样易遭虫害的白菜，白菜在网室里快乐地生长，我望着在外头翩翩飞舞却无计可施的蝴蝶，十分得意。心想："总算为菜们觅得一块成长的乐土了。"

　　我接着育大头菜苗。它们长得很慢，好像"蜗牛与黄鹂鸟"歌曲里的蜗牛："等我爬上（树顶）它（葡萄）就成熟了。"育了三个星期，才能移到网室里定植。小心翼翼地拿着脆弱的菜苗，真怕一个疏忽就弄断了它的筋骨。大头菜在网室里也缓慢地长着，我每天浇着水，看着仿佛化石般的它，有点疑惑：到底哪里出了问题？赶紧上网查阅它的资料，才发现大头菜要两个半月才会成熟，比起旁边只要三个星期就可让人大快朵颐的白菜，我得像去西天取经的唐僧般历经千里风尘，需要有无比坚定的耐心啊！

　　了解大头菜的成长期，我仿佛吃了定心丸，乖乖地为它浇水施肥，不再怪它像长不成大人的小孩了。大头菜慢慢伸出手脚，每棵的地盘愈来愈大，还没结球，竟然苗株们就碰在一起了，我暗叫不妙："株距太小，会影响大头菜的生长。"但已过了移植期的菜苗，除了疏苗就没办法了；我又不忍拔掉它们，还存着一丝丝希望，希望它们不再长叶，只努力结球就好。但人算不如大头菜算，它的叶子还是不断地向四周伸长，它们挤成一团，几乎连转身都有困难了，我只好采取剪枝法，大头菜们无辜地望着我，好像在说："主人啊，你为什么把我们种成这样啊！"

　　一个半月后，大头菜的根部有了动静，像怀孕的妇女般肚子慢慢变大，我心中大喜，准备来个生态记录，定期测量它们成长的速度，只差没架设一台摄像机，拍下它们奇妙的成长身影。大头菜们也很争气，菜头愈来愈大，从一枚一角硬币到五角、一元，到乒乓球大小，我看得开心极了，带着老婆来欣赏它们的美妙身材。老婆不停地拍手喊加油，也笑我少见多怪，不知每个种大头菜的农夫是否都像我一样？

照理说我的喜悦应该像燃放的鞭炮般一路绽放，可是有一天，我突然发现有几棵大头菜叶子似乎不太正常地卷成波浪状，我把网子打开瞧瞧，不看还好，看了几乎昏倒。每天隔着网子浇水，从未想过会有虫害问题，没想到一半的大头菜叶子背面都是密密麻麻的、成千上万的蚜虫，轻轻碰碰它们，它们还会跑来跑去。我呆立在一旁，几分钟后才回过神来，立即拿来一把小刷子，把它们刷下来，可是它们又在泥土里蠕动，我只好把它们盖在泥土里。忙了半天，总算大致清理干净了。我把网子盖起来，但心头又开始忐忑不安。几天以后发现又有了蚜虫，而且得病的大头菜也不太长了，与健康的大头菜有了一段差距。我经过一番思想斗争，决定壮士断腕，把有虫害的大头菜全数拔除，以免传染开来使灾情扩大。网室里少了一半大头菜，变得明亮起来，大头菜也长得快多了。我舍弃了一些大头菜，也放下了心，期待它们能快快成长，让我能享用大头菜大餐。

结果我的美梦只实现了一半。两个星期后，我发现大部分的大头菜叶子背面都有了蚜虫，而且菜心还有不寻常的腐坏现象。我知道它们和我的缘分已尽，于是当机立断，做了废园的打算。把大头菜全数拔起，有的大如拳头，有的小如鸡蛋，拿回家送给老婆。老婆开心地把它们拿来凉拌与煮汤。大头菜虽没完全长大，但仍然清香美味。我吃着又脆又甜的凉拌大头菜，喝着可口的汤，仍不免有些遗憾：有了网室，大头菜有了成长的温床，却因我的疏忽而招致另一种虫害；也因我的错估，导致大头菜像沙丁鱼般拥挤成一块，失去了尽情挥洒的空间。预料中最佳的园地，成了挫败的沙场；最放心的地方，却是失败的源头。我想起狄更斯《双城记》的开场白，了解了在最好的时代

○ 努力生长的大头菜苗

○ 成熟的大头菜

里如果无法全力冲刺，寻求理想，反而会沦入黑暗的深渊，永劫不复。

种菜虽小道，仔细思索，也是有深意的。我再度撒下大头菜子，因为俗话说得好："在哪里跌倒，就从哪里站起来！"这次的经验，一定会换来大头菜快乐地成长。🐝

小百科>>大头菜，原名芜菁，茎部会膨大成球状。可凉拌、烹煮。营养丰富，含钙、钾、钠和铁元素等。中医认为能止咳消渴、止血清热，减轻着凉引起之腹痛。

美菜小窍门>>株距宜宽。易生青虫，要经常检查除虫。

92 | 莴苣
金球奖

谈起莴苣，几乎无人不知无人不晓：它可通俗到上了一般平民百姓的餐桌；也可以在高贵的盛宴作盘底摆饰，因为它家族很多，适合各种场合：有红有绿；有结球、半结球；可生吃，也可熟食。老圃们也很喜欢种它，因为它营养价值高、成长迅速、几乎没有病

○ 获得最佳人缘奖的半结球莴苣

虫害。秋冬时节太阳威力减弱，对水的需求稍减，我就打起种莴苣的念头了。

种子店老板推荐我种传统莴苣、菜心和半结球莴苣，我就仿照萝卜联合国，来一个三军啰。先种传统莴苣。把菜畦弄平，撒些种子，覆上薄土，浇浇水，它就搭上成长的列车了。它的成长就像台湾话的"桌上拿柑"那般容易，只要勤浇水，施点有机肥，就等着收成了。细细长长的莴苣在风中摇曳，阳光透过叶片，黄黄绿绿的模样像可爱的孩童，充满生命力。我望着它们，感激它们的体贴与坚强，不曾给主人增添任何麻烦。

菜心和半结球莴苣就比较费心一点，要先育苗。把种子撒在菜畦上，覆上薄草，等长出四片叶子，再为它们举行搬家典礼。年初种过一次菜心，由于时间不对，菜心长得又细又苦，我只好把它们全数丢弃。这次我只种了二十棵，准备做青黄不接时候的补充，因为它们的叶子可以剥下炒来吃。菜心叶子长得又大又翠绿，只是我期待的茎却抽不高，我知道那是水分不足。今年雨水奇缺，水灾后长达两个月滴雨未落，全靠我提水"救菜"，双手疼痛不已。后来趁回高雄美浓岳父家时，在尘封的农具堆里找到了一根古董扁担，改成挑水，稍解我提水之苦。但还是无法满足它们需水孔急，我也只好顺其自然，偶尔摘些嫩叶尝尝，想吃又嫩又脆的菜心，就看天意吧。

最有成就的就是半结球莴苣了。育苗后间隔十五厘米定植一棵，施点有机肥，每天早晚浇水，它们就努力生长了。卷卷的叶芽一片又一片地抽出，小小身子愈长愈胖，愈来愈高，叶子又绿又嫩，稍一碰触就断裂，好像少女柔嫩的皮肤，我看得心花朵朵开，老婆更是乐不可支，因为它们又脆又甜，是吃火锅时的良伴。收成那天，我们特地摘了三大棵，放在火锅中汆烫，不一会儿就盘底朝天了。从此，大多数的半结球莴苣都在火锅蒸腾的水汽中进了我们的五脏庙。但半结球莴苣种得实在不少，长得又硕大，尤其是网室内那批，多数都结出了半球，成了我拍照最佳的模特儿。我们怕吃太多，有了"半结球莴苣脸"。有一天，

○ 体形细长的传统莴苣

摘了一些送给老友，他们看到漂亮的半结球莴苣，赞不绝口。我一高兴，连忙实施"莴苣外交"。邻居、老友，连昔日学校的老同事都沐浴着莴苣的春风。看着大伙儿开心的模样，我的辛苦都烟消云散了。

我因种半结球莴苣颇有心得，于是再播种一批；同时又购买了结球莴苣。因为我的"美名远播"，育种后，许多老圃们都来挖菜苗，菜园里人来人往十分热闹。我把大部分空地都种了莴苣，和老婆讨论决定举办一个"莴苣金球奖"，让它们比赛，看谁长得快又好。

经过一个多月的栽培与训练，半结球莴苣长得生机盎然自不在话下，首次种植的结球莴苣也不甘落后，卖力生长。它的叶片很有趣，小时候像锯齿状，长到四五厘米长时，就有点要弯起来结球的模样了，细细瘦瘦的身子与半结球莴苣胖胖的身材完全不同。初时似乎弱不禁风，一旦开始结球又展现了一副坚强的模样，像害羞的少女，把自己隐藏在球状的深闺里努力生长。只见绿色的球苞愈来愈大，也愈来愈硬，个子也长成二十来厘米的大巨人般，把传统莴苣和半结球莴苣远远抛在后头，让人惊叹它们的后劲十足，令人刮目相看。由于结球莴苣长得出乎意料的硕大，我栽种的空间不足，它们全都挤在一块，仿佛洋流中的沙丁鱼般，热闹极了。

在结球莴苣长大成球后，我和老婆举行了慎重且绝对公正的评审会议，莴苣们都在菜园屏息以待。老婆特地要我写一篇评审委员意见。我综合了两个多月和它们相处的心得，以及它们在"莴苣外交"上的表现，写了下面一篇颁奖文，当场念给莴苣们听：

"莴苣是菜园里最值得效法的模范生，营养丰富、造型多变，最重要的是富有爱心，鲜少害病，未曾让主人伤神。经过主人与老婆公正的评审，得奖名单如下：

半结球莴苣叶片自然卷，美丽大方获得造型奖；在"莴苣外交"上表现非凡，佳评如潮，再颁发人缘奖。

结球莴苣因需要结球，工程浩大，耗时费力，获得耐心奖；叶片爽脆清甜，获颁美味奖；发型卷曲独特，赢得最上镜头奖。

菜心虽因缺水，长得不够漂亮，但不下雨是大环境因素，错不在它，它长期供应菜叶，获得功劳奖；又因长得高大挺拔，可得美姿奖。

长相平凡又略有苦味的传统莴苣，值得鼓励，特颁发好菜奖。"

○ 体形硕大的半结球莴苣

　　结果众莴苣们个个有奖，菜园响起热烈的掌声，得奖者都大声说："这是公正的！"典礼正要结束，没想到老婆竟然颁给我一个"爱的抱抱奖"，感谢我辛苦的耕耘，众A菜们都害羞地转过头去。于是，礼成，莴苣金球奖颁奖完毕！

　　附记：莴苣种类繁多，杂以各式各样的外来种，但仍以本文所述四种较为普遍且美味。❀

○ 结球莴苣结出了硕大的菜球

○ 有一头卷发的结球莴苣

小百科>>莴苣，种类繁多，大致可分为叶莴苣及嫩茎莴苣。叶莴苣有不结球及结球两大类。叶中含有一种味甘、微苦乳状的汁液，据医学研究，有镇静和安眠的功效。富含钾、酶，能促进消化及排便。

美菜小窍门>>虫害甚少，是农民最喜欢的叶菜之一。传统莴苣身材较小可采散播，其他则育苗后定植，要留适当株距。水分要适当，太多则易烂根影响生长。

98

石缝里的 小白菜

菜园边界是大排水沟的坡坎，自然的天堑，把开辟菜畦挖出的石头堆置在上头是最自然不过的事，一长排大大小小的石头像条石龙。我每天忙碌地用心经营菜园，石龙另一边就仿佛咫尺天涯了。

一天清晨，正在为石龙旁的甜菜根浇

○ 石缝里意外长出的小白菜

水，眼前忽然闪过一个绿色的影子，仔细一看，一棵小白菜在晨风中向我打招呼。我端详着从石缝里冒出头来的它，一副翠绿可爱的模样，把我吓了一大跳。小白菜子是什么时候飞到石缝里的？它又怎会长得如此生机盎然？老圃们都知道小白菜难种，不但蚜虫虎视眈眈，经常把它们吃得千疮百孔，像叶片腐烂后残留的叶脉般。蝴蝶们也喜欢造访它，在上头留下爱的结晶，孵出小毛毛虫，大啖嫩绿的叶子。如果不喷药或使用网室栽培，种植的小白菜几乎都会功亏一篑；它又怎么克服这些虫害，长得如此美好？我曾种过几次小白菜，有一次种子发芽后竟然在一夜之间全被蚜虫吃光，让提着水壶准备浇水的我愣在菜圃前良久，无法置信。惨痛的记忆历历在目，我也很难相信缺乏照顾的小白菜竟能顺利活到现在。而且，台东久旱不雨，菜园若两天不浇水，众菜们大多气息奄奄，转瞬间香消玉殒，我从未为它浇过半点甘霖，干旱的石龙仿佛沙漠，它又怎么克服严重的缺水？

所有的疑惑都得不到答案，生机盎然的小白菜不需任何照顾，就奇迹般的成长起来，环境坎坷的石龙成了它快乐的天地。不像园圃里的小白菜，有主人细心的照顾，反而背负着过多的期待，成为生长过程中的挫折：照顾太多就成为温室里的花朵，缺乏对疾病的抵抗力；期待太大就容易被压倒折断。我站在小白菜前天马行空地幻想着，小白菜在微风中向我微笑，我不禁举起手，向它，敬礼。🐛

小百科>>小白菜，为蔬菜中含矿物质和维生素最丰富的菜。中医认为小白菜性味甘平、微寒、无毒，具有清热解烦、利尿解毒的功效。

美菜小窍门>>生长快速，但易遭受青虫危害。

100 | 无心插柳

昔时读到《增广贤文》里的名句："有意栽花花不发，无心插柳柳成荫。"觉得这应是特例。也许是平时无意中累积的力量，在某个时刻突然爆发出来，成就了意外的结果，是造化冥冥中的眷顾。种菜后，在一棵番茄身上，我却有了深切的体会。

○ 克服恶劣的环境结出累累的果实

去秋，试着栽种番茄。买了种子，半个月才育出了四五厘米的苗。定植后浇水、施肥，又为它们搭棚架，用绳子固定，剪侧芽，参考蔬果书籍，照顾得无微不至。但它们像娇嫩的千金小姐，一遇风雨就经常生病：有的叶子卷曲，有的裂果，有的好不容易长成拳头大小，在收成前却突然烂果。辛苦栽种了三个多月，也没吃到几颗番茄。最后我认为大概是那块土地和番茄犯冲，于是狠心将它们全部拔除。只不过几分钟光景，它们就躺在田埂上，艳阳一晒就瘫软了。

　　废了番茄园，我可不灰心，再易畦而种。拿出上回购买的种子再度育苗。说也奇怪，十天过去，竟没有一颗发芽，反倒是我另一块育莴苣苗的苗圃里，长出了十来棵番茄苗。也许是经常来园里溜达的乌头翁"解放"的粪便带来的不速之客吧？我正愁没番茄苗可种，也不管它们是什么品种，立即就移植到园圃里，用心照顾起这批意外的来宾了。

　　它们长得很快，也结出了番茄，我一看它们的模样，知道是水果摊上常卖的桃太郎番茄。心形的，尖尖的尾端，造型十分优美，比我先前种的大番茄漂亮多了。我不但把它们小时候可爱的模样照了下来，每个阶段也都用心拍照，最漂亮的是它们成熟转红时，红色的身影衬着旁边绿色的同伴，像穿着红色嫁衣羞答答的少女，实在迷人哪。我请老婆来摘下它们，放在餐桌上好几天还舍不得吃呢。

　　当我们在欢庆番茄收获时，在围墙一角的石堆里，突然发现了一棵十余厘米的番茄苗。我想石堆里没什么养分，也许不久它就会香消玉殒了，就让它长着看看吧。没想到它像油

○ 从石头堆长出的番茄

菜花一样，继续在石头堆里扩大地盘，不久就长到我经常走动的畦沟了，我只好抬起脚跨过去，有时也会不小心踩到它的枝蔓，就会像触电似地跳起来，连忙向它说声抱歉。心想："这番茄生命力可真强。"既然它有心生长，于是浇水时偶尔也会给它一勺；至于施肥，是压根儿也没想到的事，因为还要搬开石头，太麻烦了。

这棵野生番茄没有棚架可支撑，就趴在地上开开心心地长着，开了花，结了一大串一大串番茄。我看了简直不敢置信。以为不久果实就会因营养不良而掉落，它却愈长愈大。它和园畦里的番茄同属桃太郎品种，但长得并不逊色。它的果实躺在地上，我怕会腐烂，可它们一点也不受影响，皮肤照样光可鉴人。不久，番茄成熟了，我感激地摘下了它，想起《增广贤文》里的"有意栽花花不发，无心插柳柳成荫"，心里百感交集。一年多来在菜园里耕耘，千辛万苦栽种的蔬果，却偏偏毁于虫害；购来的番茄种子让我种得挫折连连；无意间萌发的野生番茄，完全未曾获得主人的眷顾，却长得壮硕无比，且结实累累。

世事如棋，变幻莫测，种菜也是。看看菜园里从去年就不停种植的南瓜，换了不少品种，照顾得无微不至，瓜藤爬满了坡坎，一年多了，却从未长过一颗南瓜。我不禁默默祈祷：希望上苍再掉下一颗种子，长出无数南瓜，抚慰我频受挫折的心灵。但我这样"有心"的痴想，应该不属于"无心"的范畴，也许永远不会实现吧。🌸

103 | 油菜花般的
台湾树豆

○ 树豆花

树豆

住在美浓客家庄的岳父大人善于料理树豆。加入猪大骨熬煮半天的树豆，起锅时放上切碎的蒜苗和香菜，浓郁的豆香、肉香中带点青菜的香气，是子孙辈们的最爱，逢年过节，大家都会异口同声："一定要有树豆汤喔。"一大锅豆汤上桌没多久就见底，连大骨都被啃得津津有味，可见它的超人气。

种菜后，老婆说："老公，来种树豆好嘛！"虽已过了种树豆的季节，我还是不忍让她失望，在坡坎边挖了几个大洞，埋下堆肥与有机肥，播下几颗种子。树豆的发芽很顺利，但初时它们细细长长的，一副弱不禁风的模样，加上秋天东北季风遒劲，把它们吹得摇摇晃晃，我赶紧立上竹子，绑紧，免得它们折断。秋冬不是它们成长的时节，整个一季也不太见它们长大，瘦瘦黄黄的，看得我有点担心，不知是水分不够或营养不良？于是浇水施肥，一点也不敢怠慢。

春天，树豆冒出了新芽，变成一片翠绿，也吹气似地长大，没多久就超越了我立的支架，而且主干粗壮了，可以坚强地站立起来，让我欣喜莫名，赶快告诉老婆："今年一定可以采树豆煮汤啰！"她开心地送我一个吻，树豆看了，都害羞的闭起眼睛，沙沙地笑了起来。

根据我的经验及上网查询了解，树豆的成长很容易，既耐旱又耐贫瘠，农夫大多将它们种在田埂或石墙边，像是田园的点缀作物。到了秋天，一排高高大大的树豆就会结果，农夫整棵砍回家，在广场上用竹竿打一打，扫起一堆小豆子，就是原住民朋友说的"伟哥"

○ 树豆的荚果

食物了。有了这样的认知，照顾的心情就变得轻松多了。我几乎采取放任政策，不再担心水及营养问题，也从未看到它们的抱怨，如果每种作物都这么容易照顾，农夫们就可以无为而治了。

树豆在默默地快速长大，酷暑后长得比我还高了，成为菜园的树篱。有了这道树篱，我在其中工作，再也望不见沟旁民众好奇的眼神，自在又逍遥，菜园成了闹市中的伊甸园，还没尝到它的美味，我已先感谢它为我筑起一个梦般的国度了。

秋风送爽，树豆枝杈上有了奇妙的变化，仿佛变胖了。直觉告诉我：一定是树豆要开花了。我的感觉果然成真，绿色的枝杈上不久就绽放出许多黄色的花朵，仿佛节庆时街头悬挂的灯笼，微风中，它们开心地跳起舞来，仿如一波波黄色的海浪，可爱极了。

植物的成长冥冥中有一道神秘的力量在控制，花落后依序结出豆荚，果荚由薄变厚，由软变硬，经过一个多月，第一批豆荚变黄，变褐，成熟了。我看得十分兴奋，摘下豆荚，打开，里面躺着一排略带米色的豆子，像黄豆般大小，散发着迷人的魅力。我赶紧打电话告诉岳父大人收获树豆的消息，传来的是一声声恭喜，仿佛种树豆是一件重大的工程，他们为这个平日舞文弄墨的女婿竟能种出美味的树豆而开心不已。

○ 像绿篱的树豆

树豆的成熟期并不一致，首批收成时，背阳面的还在开花。从此，每天忙完浇水除草工作后，我就拿起小桶子去采树豆。把变黄的豆荚摘下，每天都可摘半桶，晚上边泡茶边剥，闻着树豆的清香，是一种幸福的享受。半桶豆荚却只剥出一饭碗豆子，把它们晾在阳台上，只一天，就又缩水变成一粒粒小小如石头般坚硬的豆子了。两个星期的采集曝晒，才得到一小包，想起市场上一包豆子只要一百余元，就觉得农产品廉价，农夫赚钱真的不易啊。

采了树豆，当然就要来品尝它的滋味了。到市场买来猪大骨，和豆子一起炖煮。整个上午屋里始终弥漫着肉香与豆香，让我垂涎欲滴，频频掀开锅盖，试试豆子熟烂了没。好不容易待到午餐时间，老婆在汤里加入切碎的蒜苗和香菜、盐巴，我迫不及待地舀了一碗，一尝，果然美味啊！还夹着亲自种植的心血香味。我一连喝了两碗才心满意足地吃饭。肚子里整天都是树豆的香味，那是幸福的滋味啊。

树豆一连摘了两个月，收了大约三千克，当然没忘了分送给岳父大人和小舅子们，大家都乐得笑眯眯，树豆成了最佳的亲善大使，加深了亲人间的感情，真是居功厥伟。我把剩下的树豆放在冰箱冷藏，嘴馋时才煮一锅来大快朵颐。我们十分俭省，因为辛苦栽种的收获并不多，要省吃俭用一年呢。不过也不必担心，春天我又已播下种子，现在七棵树豆

○ 树豆的荚果

在菜园的田埂及篱墙边正欣欣向荣地生长，我满心期待今年能大丰收，再次享受它的美味。

民间把随地滋长的生物称为"油菜花"，它们是天地间最坚韧的生命，树豆就是其中之一。它们不奢求主人殷切的照顾和良好的环境，在土地里默默地茁壮成长，然后结出一树营养丰富的果实，赏赐给人们，让人们健康快乐。种了树豆，我的心更加开朗，遇到生活的挫折时都会想：看看树豆吧，无视于那些挫折险阻，生命自然就会开花结果，像美味的树豆汤，丰盈快乐。种树豆，体会油菜花的生命力，是饮食之外的收获，让生活更有深度的经验啊。🌸

小百科>>树豆，又名放屁豆，适合热带与亚热带。耐旱耐瘠，大多种于沙土地、田埂。富含蛋白质、锌、铁、维生素B_1、维生素B_2、维生素E以及高抗氧化物质。中医认为有清热解毒、补中益气、利尿消食、止血止痢之效。原住民亦称之为"食物界的伟哥"。

美菜小窍门>>容易种植，土地要易排水，不宜太湿。生长期限约一年。

108

蔬菜的花花世界

红凤菜花　豌豆花　茴香菜花
豇豆花　茄子花　葱花

种菜有许多快乐的事，除了收获，欣赏各式各样蔬菜的花儿也是。

初期种的都是叶菜类，待不到开花就采收了，也就忘了蔬菜会开花，直到种了

○ 茼蒿菜花

苦瓜。苦瓜的小黄花在绿色的棚架上像钻石般闪着耀眼的光芒，秀秀气气的模样十分惹人怜爱。小黄瓜的花儿比苦瓜的大一点，虽然它们结出的果实都被果蝇叮坏了，那花儿却给我留下了深刻的印象。同样长着黄色花朵的是澎湖丝瓜，它结出的果实美味可口。看着花儿，就充满了感激。

豆类是先开花后结果的，它们的花儿自然就吸引了我的目光。四季豆白色的花儿像纯朴的乡下姑娘，棚架像是它们工作的农田，到处都是白色的身影，微风拂来摇曳生姿。豇豆紫色的花儿像蝴蝶，整个棚子飞满了紫色的梦一般，像北海道的薰衣草花园。豌豆的花儿是豆中之后。有两层花瓣，外层像是粉红色的蝴蝶羽翼，内层则是深红色半开的贝壳花瓣，凋落前又转成了紫色，棚架上红红紫紫像节庆悬挂了彩带，充满了一片喜气，让我和老婆看得如痴如醉。

比较起来，秋葵的花儿像是个大巨人。黄色的花朵中有深褐色的花蕊，在阳光中洋溢着自信的光彩。胭脂茄紫色的花儿属高贵一族。它六角形花瓣上有一根黄色的花蕊，凋谢后从花萼里长出一条紫色的茄子，像穿着高贵的紫色礼服。和胭脂茄相反的是平凡的红薯，绽放的花朵像紫色的牵牛花，绿色的叶丛里一朵朵硕大的花儿分外令人惊艳。

令我意外的是叶菜类的花儿。由于大多在尚未开花时就采收了，很少见到它们的踪影。比较常见的是韭菜花。从细长的叶片中央伸出一根长长的旗杆，顶端结着一颗白色花苞。那花苞裂开后又长出十余朵小花苞，像一束蓬松的棉絮，引人遐思。里头长着黑色被誉为"神奇种子"的韭菜子。葱花与韭菜花雷同，只是个头大一点，花苞打开后有将近五十个小苞，同样结着黑色小种子，模样儿像一群叠罗汉的小孩，十分可爱。冬天种了茴香菜，种子掉在田埂上长出了一小棵，等到发现时它已开了一束束黄色星星状的小花。细细的花梗上长出二十余朵辐射状的小花，像黄色的满天星，随风摇曳，又像一束迷离的黄色梦幻。红凤菜的花朵也同样令我讶异。紫色的身影，本就是菜园高雅的一族。冬天，在叶柄突然长出许多花苞，我刻意留下它，想看看它的变化。结果它开出了鲜艳的橘色花朵，黄色花蕊伸出长长的小手，在瑟瑟寒风中舞动，为菜园带来无限暖意。红凤菜园成了最美的所在。

美丽的草莓、硕大的木瓜都开着白色的、不起眼的小花，比起茼蒿菜逊色多了。茼蒿菜的花朵像缩小版的向日葵，有趣的是黄色的花瓣上有半圈白色，像旋转的风车叶片；几天后白色逐渐转成黄色，最终与原来的黄色合而为一，这种变化十分奇妙，我看得津津有味，也不禁赞叹大自然的奥妙。

蔬菜的花花世界，也像琳琅满目的植物千姿百态，但不管是平淡无奇或艳丽多彩，它

们都肩负着传承下一代香火的重责大任，结出美味的果实或种子。《文心雕龙·物色》中说："岁有其物，物有其容；情以物迁，辞以情发。一叶且或迎意，虫声有足引心。况清风与明月同夜，白日与春林共朝哉。"万物各以其容貌展现它们的风姿，我们在品尝蔬菜之余，如能抽空欣赏它们的花朵，也是其乐无穷呢。

①葱花
②豇豆花
③茴香菜花
④豌豆花
⑤红凤菜花
⑥茄子花

112

一苗
难求

白菜 · 苋菜 · 空心菜

○ 育苗盆

种菜一年有余，第一次遇见"菜畦皆备，只欠菜苗"的窘境。

酷热的夏天，众老圃像艳阳下的人们躲到树荫下、冷气房，纷纷偃旗息鼓，只种了一些耐旱的作物，如花生、玉米、丝瓜等，来点缀空旷的菜园。时序轮转

到了九月，清晨有一股凉爽的秋风袭来，老圃们就准备大展身手了。像重新开幕的戏院，除草、翻畦、准备菜苗，忙得不亦乐乎。

育苗时，种子除了播在菜畦上，部分种子也播在大型花盆里，方便浇水照料；但世事总是难料的。九月中旬，连续几天大雨，不但淹垮了大高雄，也波及我的苗圃与育苗箱。本来几天就会长出可爱菜苗的莴苣，已经一周了，仍纹丝不动，只看到一株株细细瘦瘦的小苗，我一看就知那是小草；畦上的种子虽覆盖着一层枯草，却早已被冲得无影无踪。我以为是去年的种子无法发芽了，赶紧跑去种子店又买了一包，再种。又连续下了几天大雨，仍没有菜苗的影子。我问老板，老板无奈地说："最近落大雨，菜子都泡烂了，你已经是第 N 个来问我的人了。"原来这几天，老圃们已纷纷向他抱怨。他嘴上虽说无奈，但仍掩不住一脸笑意，因为他的菜子都卖光啦。

我当然有当年教书勉励学生"天下无难事，只怕有心人"的精神，又买了种子播下。但这次我绞尽脑汁想了一个法子，一遇到阴雨，就为它们阖上盖子，以免大雨又破坏我的种菜大计。好友知道我初秋后一连半个多月都在育苗，纳闷地问："怎么不去苗圃买现成的菜苗？"对菜鸟来说，这的确是个好办法，但我岂可轻易投降？偏偏要亲自育苗。我摇摇手，继续努力。

我的计划果然成功了。当外头大雨倾盆，我的种子仍在盖子的遮护下冒出了头，好奇地四下张望。我看得开心极了，差点儿抱起它们亲亲。没下雨的日子，就打开盖子，让它们接受阳光的照拂，赶快长大，让我移植到菜畦里。有一天，清晨浇水时我忘了打开盖子，第二天才发现，它们在里头变得一片惨白，毫无菜色。我赶紧向它们说抱歉，它们才又恢复绿色的身子。

只是菜苗生长的速度奇慢，十天后，我育的莴苣、茼蒿、甜菜根苗才长出二三厘米高，

○ 等待菜苗的园畦

虽然还小，但我已迫不及待地展开移植工程。那天下午，我向老婆挥手再见，接受她的祝福与鼓励后，便挑着水到菜园。先在菜苗上浇点水，然后挖洞、埋肥料，用小汤匙挖起菜苗，小心翼翼地种下去，然后一边念念有词："加油，小菜苗！祝你一夜大一寸。"一棵接着一棵，一排接着一排，一畦又一畦，愈种愈起劲，仿佛种下去的都是无价的金银财宝、千金不易的宝贝呢。种完莴苣种茼蒿，再种甜菜根。从夕阳西下种到华灯初上，在大水沟旁路灯的余光照射下，我仍勤奋地种着。直到一个甜美的声音响起："老公，还在忙啊，明天再种嘛！"既然是老婆大人来关心了，我只好搁下菜苗，为它们浇浇水，让它们在晚上赶快定根喝水，快快长大。

一连两天，无论晨昏，我都在菜园里忙碌，连例行的晨间到森林公园散步的活动都暂停了。老婆向我抗议，因为散步是她最爱的运动。我连忙哄她："我先种好菜苗，我们在散步时，它们就会快快成长，散步回来就有菜可以吃了。"她听了我的痴人说梦迷魂汤，知道我育苗的辛苦与种菜的殷切，只好在菜园旁做做体操，为我加油。

菜苗都落了土，我拍拍手，开心地浇着水，默默地祝福。可能是我太急切了，菜苗实在太小，根部发育还不够坚强，没几天，十来棵菜苗就夭折了，有几棵被蜗牛、草蛉吃得尸骨无存（注）。我一看大事不妙，赶快把剩下的菜苗又补种上。说也奇怪，接连一周，我几乎每天都要补种，把菜苗全部种完了也不够，还得到邻园郭太太那儿要。到最后只剩下育在畦里的茼蒿，我只好不管畦上种什么，只要出缺，一律补上茼蒿苗，于是莴苣和甜菜根群里，杂着一棵棵油菜一样的茼蒿，不知情的人以为我喜欢茼蒿，怎知道是菜苗不足的权宜之计？

经过这阵子的折腾与努力，菜园灰褐色的土地上，总算展露出一片盎然绿意了。站在菜园，望着欣欣向荣的菜苗，心中有无限喜悦。忽地一道灵光在我脑中闪现："育苗也要未雨绸缪啊！"菜园里有即将采收的小白菜，菠菜在半个月后也可收成，它们的空缺都需要菜苗来替补。我应该赶快继续育苗，让菜园的土地上能够薪火相传，让众菜们能够快乐生长，成为一个生机盎然的小天地。于是，我又开始在盆子里育上了莴苣、甜菜根、白菜……当然，在落雨的日子，也不忘为它们阖上盖子，让它们放心地生长，因为它们是如此娇嫩、珍贵。如果照顾得不好，或是规划得不准确，就会再度发生一苗难求的窘境，那时候可就要惭愧得钻进菜畦里了。

种菜如此，世事何尝不是？未雨绸缪、殚精竭虑，想尽办法克服困境，都是再平常不过的道理，却因这次的一苗难求，让我对这些哲理有了一番新的体认。书生种菜不只是种菜啊，还有一些生命灵思的启发。

注：秋天白露后，蟋蟀们都会自然死亡，只有蜗牛和草蛉仍然横行于菜园。
叶菜类怕连续大雨。雨水太多会烂根、烂叶，种子也会泡烂，无法发芽。

美菜小窍门 >>

一、食用根部类的蔬菜采穴播，以免定植时伤及根部影响生长。

二、白菜、空心菜、苋菜等可采散播法。

三、大多数蔬菜皆可采先育苗再定植法。育苗时要用大型花盆。下大雨时可用板子盖住，以免水分太多而烂根。

117

蔬菜
再生实验

为了了解蔬菜再生情形，我决定做个小小的实验，题目定为"蔬菜再生实验"。当然我是从文人角度出发，不像教育学者那么严谨，既要分实验对照组，还要每天测量温度、浇水量、施肥量、成长速度

○ 剪去主枝留下侧芽的茼蒿

等，最后还来个实验报告。倘若如此，那么看官们就会看到一连串数据和结果分析，十分单调枯燥，没什么看头。

我到菜园里挑选实验对象，众菜们听说我要做实验，还可以拍照上报，纷纷自告奋勇参加。我根据蔬菜们的生态，选定了最常见最有潜力的茼蒿和莴苣。主意拿定，就拟定了实验步骤：首先在它们成熟时逐一剪下原生主枝，留下侧芽，拍照。茼蒿长大后本就有侧芽，做起来很容易，只要小心不碰掉嫩芽就好；莴苣就和我预期的不同了，它罕有侧芽。我只好剪到主枝底部，静待它的发芽。

茼蒿的进展十分迅速，剪下主枝后，侧芽就开始生长。我为它们松松泥土，施点有机肥，浇浇水就静待它的变化。莴苣却再生得甚慢，整个星期毫无动静。但造化就是如此神奇，第二周，它们就从主根长出了小小的侧芽，仿佛种子发芽后稚嫩的生命，可爱极了。我当然不能怠慢，赶紧为它们施肥浇水，像照顾小婴儿一样。老友来菜园时，看我割菜后菜园并无重种迹象，问我。我答以正在进行蔬菜再生实验，他听后大笑，不敢置信；他哪知我对菜园写作的用心。他看我实验态度认真，既拍照又做笔记，有空时也来瞧瞧蔬菜们的生长，竟然也看出兴致，有一天对我说："它们长得可真开心呢。"我笑一笑，我的实验竟

○ 长得飞快的侧芽

感动了一个数学大师。

蔬菜们的成长都是一样的，幼苗时期成长得像乌龟行走，有时一个星期都不见动静；一旦长到五六厘米时，就十分惊人了。茼蒿开始几天仿佛在冬眠，一周后就瞧见它们的笑容了，不管是一根或两根侧芽，都拼命地往上长，让我十分惊喜。

一般茼蒿从播种到采收，约莫需要一个半月时间。再生的茼蒿从剪枝到采收却只要十天，实在迅速得让我惊叹。第二次剪收时，怕侧芽太多会影响生长，特别剪至底部，只留一芽。稍施点肥，早晚浇些水，一周后又可以再收成了。如此周而复始四次，茼蒿仍然生机盎然，让我感动不已。

反观莴苣就没有如此顺利了。它鲜有侧芽，我待它由主茎长出侧芽，就已耗去了半个月。新芽长得很慢，一周才长四厘米，比起茼蒿实在小巫见大巫；我仍然耐心等候。可是长出的新芽并不横向发展，而是往上抽长，然后长出花苞，开出黄色花朵。我等着第二次品尝的美梦化为泡影，莴苣再生实验进入尾声，我准备写结论。

植物的生命力十分强劲，但再生能力有别。有的蓬勃，有的微弱，有的甚至难以为继。茼蒿植株虽然脆弱，容易折断，但再生能力超强，只要季节适合，它仍然可以不断长出漂

○ 长出侧芽的莴苣

○ 莴苣开花了

亮的下一代，让我大快朵颐，实在令人喜爱。经过这一次简单的再生实验，我深切地了解：万物殊异，面对艰困环境，各有不同的生命力。人啊，是否有像茼蒿九命怪猫似的强韧生命呢？

小百科>>茼蒿，富含蛋白质、脂肪、糖类、维生素B_1、矿物质、钙、铁等，适合儿童和贫血患者食用。

美菜小窍门>>有侧芽的蔬菜皆可采用，但侧芽不宜留太多，可适当剪除，发育才会良好。

121

番茄
情人味

秋高气爽的季节里，菜园舞台上各色蔬菜争相上场、热闹非凡，我像辛勤的蜜蜂，忙得开心极了。

爱吃番茄的老婆早早就撒娇地叮咛我："要记得种番茄喔！"既是老婆大人的吩咐，我当然谨记在

○ 可爱又美味的番茄

○ 可爱的番茄花

心，九月底就到店里买了番茄种子，老板说："十月再种比较好。"我选了个好日子播下种子，让一开始就有了好兆头。我同时也挖了一块土质不错的地，立好棚架，准备迎接番茄大驾光临。

可是番茄育苗很慢，虽有我用心照料，但它们却像古代皇室公主千呼万唤始出来，半个月才长了五厘米。我实在耐不住了，立即把它们定植到园里。我实施精兵政策，挖了六个穴，种了八棵苗，有两个穴是双人组，让它们卿卿我我一番，实验看看是否会结多一点番茄。

番茄定植之后生长速度稍快了些，但仍像蜗牛般。我施了肥，每天浇水，它们也不感动，仍慢悠悠地长着。我看着它们纹丝不动的模样，半个月后也就淡忘它们了。觉得等它们长出番茄，可能要待到明年了，我还是忙其他的叶菜类比较有成就感。

　　就这样，我几乎无视它们的存在了。老婆有时问我："有番茄可摘了吗？"我总是唱那首《蜗牛与黄鹂鸟》给她听："等我爬上墙头，番茄就成熟了。"番茄开花那天，我惊喜莫名。只见绿丛中闪着几朵鲜艳的黄色身影，定睛一看，是番茄开花了呢！我仔细看着它们，毛茸茸的花柄上有一丛五六朵花儿。黄色的花瓣中露出一根长长的花蕊，模样儿真好笑，比起诗情画意的豌豆花真有天壤之别；但会结果的就是好花，我也就不忍苛责了，赶紧祝福它们快快结果。

　　花落后蒂头果然出现了一个个小番茄，我喜出望外，赶紧请老婆来参观。她频频为番茄加油，问我多久可摘来吃。我说这种大番茄，依它们生长的速度，说不定需要半年才会成熟呢。老婆半信半疑地瞧着我，我立刻更正："我会请它们长快一点，女主人等不及啦！"她听了才眉开眼笑。可是番茄的成长并不顺利。先长出的几颗竟然裂开了，像婴儿的小屁屁，我拍照后只好失望地摘下它们。幸好其他的不再有裂果现象，我就放下了心。看着番茄一颗颗地结出，慢慢地长大，从鹌鹑蛋大小到乒乓球大，到鸡蛋般，倏忽间又过了一个月，老婆还没尝到番茄。

　　十二月寒流频频造访，太阳也关了门窗，番茄的成长似乎停止了。有一天，我忽然发现两颗颜色异常的番茄，本以为它们要早熟了，一摸，竟然由底下烂了。我大惊失色，赶紧摘掉。跑到家附近的图书馆借来番茄书查看，这才知道种番茄非常不容易，不仅病虫害多，而且对土质、肥料与排水都很挑剔。我这样"想当然"的自然种法，完全是"瞎猫碰死老鼠"，想要有收获，真要有点运气呢。书中介绍了许多病虫害防治法，都需要借助农药，我当然敬谢不敏。我仔细研究烂果及裂果原因，与气温太低和浇水太多有关，于是酌量减少水分，果然就不再有烂果现象了。

为了让番茄种植更顺利，我又借了在日本很有名气的蔬菜种植书来进修。有的人建议要将番茄侧芽剪除，才不会因枝蔓太多而养分不足，影响果实成长。于是我又赶紧将八棵番茄的侧芽全数摘掉，它们果然长得快多了；摘下的侧芽散发着一股浓郁的迷人香气，我简直陶醉了。融合了这些老圃们的经验，番茄不但看起来清爽多了，苗株与果实也都有了明显的成长。由于番茄不像四季豆会爬竿，我又要定时把它们绑在棚架上，一串串番茄也随着往上长，累累的果实好像一颗颗晶莹的翡翠。为了怕番茄太多使果粒变小，我还要疏果，将每串控制在三四粒。两排努力成长的番茄洋溢着欣欣向荣的景象，成了菜园最有制度与管理的园地，我真有说不出的满足与快乐。更有趣的是我竟然爱上了番茄，三两天就为它们拍照，左一张右一张，仰拍一张，转身又一张，全体合照又一张。它们成了菜园模特儿，留下了许多漂亮照片，不知其他蔬菜看了会不会吃醋？

番茄愈来愈大，即将成熟了。老婆已经磨刀霍霍，准备好食谱，要大快朵颐一番啰。她计划先来一盘最原味的客家番茄切盘，蘸上独门的味噌与姜泥调合和酱汁，想到那酸酸甜甜的滋味，就不禁令人垂涎三尺。接着她要做一盘番茄炒蛋，还要煮番茄火锅……

番茄成熟了！依照老婆拟好的菜单，我们一道道品尝着。亲手栽种的美味令人感触特别深刻，那酸酸甜甜的滋味勾起了我们年少时恋爱的往事：那年在某个冰果室，

○ 可爱的番茄宝宝　　　　　　　　○ 生机盎然的番茄株与果实

　　两个情投意合的恋人就是尝着这道番茄切盘，互许终身。而今三十余载岁月悠然而逝，像《闪亮的日子》歌曲里所唱的："你我为了理想，历尽了艰苦，我们曾经哭泣也曾共同欢笑！"如今苦尽甘来，仍能保有年轻时的热情与梦想，深爱着对方，多么不易啊！与老婆在灯下回想起那段遥远的岁月，眼眶不禁一阵湿热。

　　种番茄，尝番茄，想起消逝的岁月，那滋味，酸酸甜甜，是情人间爱的滋味啊！

小百科>>番茄又称西红柿，多年生草本植物。品种众多，有樱桃小番茄，直径十几厘米的大番茄。果实多为红色，也有黄、橙、粉红、紫、绿甚至白色，以及带彩色条纹的番茄。营养丰富，含有糖、有机酸、维生素等。欧美有一句俗谚："番茄红了，医师的脸绿了！"由此可见一斑。抗氧化物茄红素，能有效预防前列腺癌。一些研究人员还从西红柿中提炼出治疗高血压的物质。

美菜小窍门>>水分要适当；太多则易裂果与烂果。成长时要剪去侧芽，才不会影响结果。

126 | 草莓飘香

草莓

秋末到郊外踏青，"观光草莓园"的旗帜在公路两旁迎风招展，红艳的草莓在绿丛中向人们招手。老婆看着草莓园，娇滴滴地说："老公，你来种草莓好不好？我好想吃你种的草莓哟。"既是老婆大人梦寐以求的事，我焉有不种的

○ 红艳的草莓

道理。

　　我先上网做了一番功课，知道草莓很娇贵，喜凉爽潮湿但又怕积水。于是我在网室清出一块土地，做成一条条田畦，埋好有机肥，等着草莓大驾光临。可是打哪儿买苗？种子店老板说："去向草莓园要，或者挖草莓长出的小苗。"我在市区的种苗店一一寻觅，都无功而返。正在烦恼时，遇到一位好友，说他种了几棵草莓，我立即请他挖些幼苗。一个星期后幸运地得到了七八棵，仿佛刚诞生的小婴儿。我怕它们无法存活，于是先集中育苗，照顾得无微不至。它们果然被我的诚心感动，个个都活了过来。待叶子变成深绿色，像小汤匙般时，我就实施定植工作。种好了草莓，请老婆到菜园里参观，她说了许多祝福草莓快快长大的好话，接下来就是我任重道远的时刻了。我早晚都要为它们浇水，台风来时，要特别压好网室的纱网，以免狂风吹乱网子，打坏嫩苗。寒流来时，我还要在迎风面铺一层稻草挡风，以免它们受冻而一命呜呼。草莓有知，一定会感恩，快速生长吧！

　　可惜我的努力并没得到相应的回报。草莓和许多冬眠动物一样，躺在我为它们准备的舒适的网室里，整整一个月都没长大的迹象，老婆常问我："草莓结果了吗？"我都摇摇头。她问了几次后，也似乎忘了我有种草莓这档事了。

　　草莓开始生长已是春节后的事了。叶子一片片地拔地而起，然后向上发展，愈来愈多愈大，像一团绿色的叶丛，我又燃起了希望，浇水施肥，一点都不敢怠慢。这时郊外的草莓园大多已采收完毕，鲜艳的旗子或褪色，或倾倒，我的草莓才开始成长呐，想起来就有点不好意思。好友问我草莓结果的情形如何，我答以正在成长，他瞪大眼睛说："我种的草莓都已结果吃完了。"老婆倒很乐观地说："我们的草莓是慢工出细活。"也罢，既然有了生机，总是会有收成的一天。主意拿定，就心无旁骛地努力照顾吧。

　　春神悄悄地来了。发现草莓开花，让我惊喜莫名，赶紧向老婆报告。看起来一点都不起眼的白色小花，却隐藏了一颗颗红艳的果实，我开始陷入殷切的期待中，每天都希望花朵凋落，快快结出可爱的果实。为了迎接娇贵的草莓，我在畦上铺了一层干草，以免果实接触泥土而腐烂。干草仿佛是草莓的弹簧床，准备让娇嫩的公主休息。天地造物就是这么奇妙，草莓就依着上苍安排好的步骤，长出一串花序，结出一颗颗小果实。我也不得闲，实施严格品管，只要是变形的一律淘汰，太密的就疏果，务必长出质量最好的草莓。好友告诉我，小鸟喜欢吃草莓，成熟时可得小心它们会来抢食。望着每天在菜园里逡巡的麻雀与斑鸠，我赶紧把网子罩好，以免它们捷足先登，让我白费苦心。

期待的日子是漫长的，但观察却是快乐的。以前吃草莓，只知道它红艳欲滴，却不知它婴儿时是白的，毫不出色；青年时期转成了粉红，身上的种子却是深红的，好似雀斑，十分有趣；待果肉转红时，两者就融合在一起了。看着它的成长，仿佛回到初为人父时照顾孩子般，令人感触良多。

约莫半个月后，第一颗草莓成熟了。我用相机拍下了历史镜头，小心翼翼地摘下，回家后神秘兮兮地请老婆闭上眼睛，让她闻一闻，她好像中了彩票般惊喜地说："是草莓！"她把草莓切开，一人一半。分享着香气浓郁、甜中带点微酸的草莓，我们都陶醉了。尤其是我，长达三个多月的种植，辛苦总算有了收获，虽然两者是绝对的不成比例。

观光果园里的草莓是一盒一盒地采收，我的草莓却是几天才成熟一颗；但尝着香浓味美的草莓，心里却仿佛享受了草莓大餐般的快乐。当然，我的草莓梦随着草莓们的纷纷结果而日益丰富起来。有时两颗三颗，甚至多达四五颗。我们品尝着草莓，既兴奋又感恩。

时序已进入暮春，郊外的草莓园已改种了其他作物，我菜园里的草莓才刚要施展身手，结出累累的果实。其实这也无妨，万物虽有其成长的时间，但只要它长得欣欣向荣，我们也乐在其中。

○ 草莓花

○ 飘香的草莓令人喜爱

○ 草莓苗

草莓是菜园的娇客，最美丽的作物。绿色的菜园里，它们的倩影虽稀疏，却仿佛千军万马，飘散着浓郁的香气，让我陶醉，让我恋恋难忘啊！🐞

小百科>>草莓，果实是由花托发育而成，属假果；表面的众多小点才是果实。营养价值高，含丰富维生素C，比苹果、葡萄含量还高，有帮助消化的功效。果肉中含有大量的糖类、蛋白质、有机酸、果胶等营养物质。中医认为其味甘、性凉，具有止咳清热、利咽生津、健脾胃、滋养补血等功效。

美菜小窍门>>畦要稍高易排水。开花结果前要剪除腋芽及茎蔓，结果完毕再让它生长，可挖取第二株以后的新芽来繁殖。草莓初冬后盛产，收成期可长达半年，每株可收成两年，只要照顾得宜，经常都有果实可食用。

131 木瓜物语

从来没看过个头这么高大的木瓜树，却偏偏被我种上了。

辟园初期，木瓜也是种植的首选，一则是它像油菜花一样不必劳神费力照顾，另一则也可以当作界标。为了慎重，我并未像一般人随意把吃过的木瓜子拿

○ 结实累累的木瓜

来育种，特地开车到离家五六千米远的果苗园买了三棵苗，选了良辰吉地举行动土典礼，把它们种了下去，从此开始了木瓜的成长岁月。

可是木瓜的成长列车开得并不顺利。菜园杂草甚多，木瓜苗还没长，加上我尚未熟稔菜园地形，第二天清晨浇水时在迷糊中不慎踩到了一棵，望着倒在地上的瓜苗，我一个劲儿道歉，赶紧把它扶起，它哪禁得起我这一踩，早就断成两截香消玉殒了。我呆立在一旁，恍神了许久。对另外两棵也就格外小心，我在树旁插了一圈树枝，以免又惨遭我的"毒脚"。为了让它们有肥沃的土壤，我又找了许多堆肥和附近狗狗们的"黄金"，一股脑全埋在它们旁边，心想它们长出新根后吸收到这丰富的营养，没多久我们就有木瓜可享用了。想到这儿，像是吃了孙悟空摘的人参果，心里乐飘飘的。

不知是谁说的："希望愈大，失望也往往愈大。"我的算盘打得太如意了。整整一个月，木瓜树像冬眠一样，纹丝不动。老圃们诊断的结果，认为可能是被肥料所伤，要我勤浇水，也许会有转机，突飞猛长。我只好把它们死马当活马医，不敢再埋肥料了，每天只努力浇水。也许是我的诚心与耐心感动了它们，两棵木瓜树比赛似地开始向上蹿长，而且速度惊人。两个月后已比我高了，我看了玉树临风般的木瓜树，顿时龙心大悦，真想写一首诗来赞美它们。

隔壁的郭太太也种了一排木瓜，长到半个人高时就开花结果了。我的木瓜树不断往天空长，一米、两米，可连一朵花也没有。有一天我正看着长得像姚明一样高的木瓜树而高兴时，忽然瞥见坡坎旁邻园结实累累的木瓜树，才猛然想起："我的木瓜怎不会开花结果呀？"即使是公木瓜也会开花呀。我这才发现事态严重，难道我的木瓜又要重蹈南瓜不会结果的覆辙？望着高耸的木瓜树，我心中七上八下，来访的老圃们都疑惑地说："你的木瓜怎么长得那么高还不开花？"我只好赔着笑脸说："可能是大器晚成吧！"

到了仲夏，木瓜已种了半年多，仍然没有开花的迹象，我也不再抱以任何希望了。工作累了，在木瓜树荫下休息，喝喝水，木瓜成了园中的凉亭、我的好朋友了。直到初秋时，有一天发现地上掉了几朵小

○ 仿佛双胞胎的木瓜树

白花，仰头一望，竟然是一棵木瓜树开花了，我像触电般开心地跳起来，跑回去告诉老婆这个好消息。她笑着说："我就说嘛，种菜要有耐心，慢工才会长出好木瓜呀！"既然开了花，当然就有结果的希望。我耐心等待。果然没多久，长出了一个个嫩绿的小木瓜，像婴儿般可爱。可惜它们长在两米高的树上，不然我一定会送给它们一个热吻。

木瓜的成长又给我同样的意外。它们像冬眠了一样，小木瓜就是不长大，看得我实在心焦不已。木瓜花愈开愈多，果实像葡萄一样长成一大串，算一算已有二三十颗了，我看得目瞪口呆。奇怪的是，两棵相邻的木瓜树，竟然只有一棵开花结果，另一棵没有任何动静。为了让高耸的木瓜获得充分的营养，我经过一番思考，决定壮士断腕，抡起锄头锄断了不结果的一棵。望着倒在地上的木瓜树，我突然伤感起来：木瓜树努力了八个月，长成了两米高的大树，我竟然只两三锄就结束了它的生命。我含着歉意地告诉它：物竞天择嘛，可别埋怨。

仅存的一棵木瓜树似乎知道了自己的命运，唯有努力结果才有生存的希望，从此脱胎换骨，果实日益硕大，看得我心花怒放，每天都在计算品尝木瓜的佳期。到了年底，终于有一颗小木瓜成熟了，我慎重地请来老婆举行了采收典礼。可是我个子不够高，搬来了一个大石头，站在上头垫着脚尖才摘了下来，众菜们都热烈鼓掌欢呼。我和老婆凯旋，把它放在餐桌上，虽然它只有市场上的黄瓜般大，但我们已几乎感激得涕泗纵横了。三天后木瓜变软，把它切开，红色的果肉，香甜的滋味，我们都竖起了大拇指。

木瓜似乎也在吊我们胃口。尽管我每天望呀望，就是望不到第二颗成熟，看得我口水直流。一直到了正月底，木瓜才陆续成熟，我等到八九分熟了才摘下它们，这次每颗都有一斤多重。熟透后的木瓜无论香味与甜味都属极品，一颗木瓜不久就被我们一扫而光。从此，木瓜成了我们最喜欢的水果，整整两个月，餐桌上几乎都有它的身影。当然也会送些给亲朋好友，他们也频频赞美，我们自然也与有荣焉，开心得不得了。

现在，木瓜树已将近四米高，愈来愈不易摘：从开始垫个大石头就可摘到，接下来是矮凳子，然后再垫石头，再来是圆凳子，再垫石头，再加矮凳子，然后我再怎样挥手，都已摘不到它们；我想应该搬来家中的长梯子，才有办法摘啰。想起小时候常听到的情歌"采槟榔"："高高的树上采槟榔，谁先爬上谁先采呀……"我要改成："高高的树上摘木瓜，摘了木瓜尝美味呀。"

虽然从栽种到收成耗时将近一年，但品尝着香甜的木瓜，一切辛苦都烟消云散了。何况这棵木瓜树长得特别高大，无虞宵小们的光顾，最重要的是它们还继续结着果，而且叶子特别油亮，没有得木瓜毒素病（注）的迹象，我还有一段漫长的木瓜岁月可以享受呢。

老子曰："大方无隅，大器晚成，大音希声，大象无形。"即使是圣贤来评鉴我的木瓜树，应该也会点头说："当之无愧。"种木瓜，体会圣人的哲语：准备得愈充分，生命的爆发力和持续力也愈大。收获实在是不少哇！

○ 哇！好高的木瓜树

注：木瓜毒素病原名轮点病，被称为木瓜树的癌症。病状为新叶变黄，呈现明显斑驳、嵌纹，生长受阻，不易开花结果。得病后尚无药可根治，必须立即砍除。🐝

小百科>>木瓜树，多年生果树。果实形状有长形、圆形。富含β-胡萝卜素、维生素A、维生素B族、维生素C、钙、钾、铁、抗氧化物及木瓜酵素等，能帮助蛋白质、脂肪及淀粉的消化。青木瓜可加花生、排骨煮汤；黄熟后可生食。是良好的食疗果品，有健脾胃、助消化、通便、清暑解渴、解酒毒、降血压、解毒消肿、通乳等功效。用生木瓜擦脸亦可美容。

美菜小窍门>>树高可达三四米，要有适当株距。少量种植可采收一至两年；若发现叶子有明显斑点或介壳虫害要赶快处理或砍除，半年或一年后再种植。

138 | 菠萝花开
旺旺来

菠萝

自小就在种满甘蔗与菠萝的乡间打滚，当妻说想品尝自栽的菠萝时，我一口就答应了。反正菜园土地贫瘠又干旱，最适合种菠萝了。

但时移世异，早期有"菠萝

○ 由刺上开出圆筒状的花朵

王国"美誉的台东，因市场萎缩及经济效益不好，亲友早已改种释迦或其他作物，到哪儿拿菠萝苗？妻灵机一动："欸，可以拿菠萝摊贩削下来的尾部来种啊。"说的也是，尾芽的生长虽不如侧芽来得快速，却是既可以确保质量而且快速取得种苗的方法。于是我骑着脚踏车，不费吹灰之力就载回了一大箱菠萝尾。把菜园尽头的杂草挖除后，整理出一畦菜圃，不敢种太多，只种了十来棵，因为我怕种菠萝旷时费日，还没结出果实，菜园就得拱手归还了。

菠萝所需照料不多，只要定期除草或施肥，连浇水都可省的。种好了菠萝，仿佛已完成了一件工作，只等着它开花结果了。我的算盘打得很好，脑中尽是一年后硕大可口的菠萝。菠萝也的确没让我失望，不久就生根，慢慢地长出新叶，我只偶尔为它拔点草，撒点有机肥，不必担心缺水，也无需忧虑病虫害，它的身体尖而多刺，常到菜园搞破坏的猫和狗对它们也没兴趣，它真是菜园里最令我放心的作物了。所以后来又挑了一小块地种了九棵，就让它们来一场成长竞赛吧。

春去秋来，酷暑、台风中，菠萝都默默地成长着，从来也没给我出过什么难题，有时我都忘了有菠萝这回事，等到来访的老圃问我："咦，你种菠萝啊！"或者学生问我："这么多刺的东西是什么？是玫瑰吗？"我才又猛然想起菜园里有菠萝，笑一笑："是金钻菠萝呢。"

听说菠萝种一年即可结果。我满心期待，像望着罐子渴求一粒糖球的小孩。可是满周年时，我瞧着欣欣向荣的菠萝株，却一点动静也没有。我猜想是肥料与水分不足。菠萝虽耐旱，农家却也不敢怠慢，频频施肥喷水，哪像我采用自然生长法，一点都不关心，怎可能会准时结果？想到这儿，内心不禁一阵惭愧，赶紧找来肥料，挖开菠萝旁的泥土。嗬！像石头般坚硬，我的愧疚更深了，如此缺肥缺水的菠萝，没枯死已是万幸，我怎还能苛求它结果？一阵补偿性照顾后，菠萝圃又恢复了平静。

春节后，老圃来访。他像好奇宝宝，到处巡视，忽然惊叫了起来："你的菠萝媳妇熬成婆，结果啰！"我立即跑过去，看到菠萝株心一片通红，长出了一颗颗小小的果实，每天在菜园转来转去的我竟然无视于菠萝这么奇妙的变化。菠萝宝宝全身长着尖利的刺，像全副武装的战士，多么可爱又可怕啊！算算自从前年七月栽种到今年三月结果，一晃眼已经一年八个月，多么漫长的等待啊！我开心得立即又赏它们一大把有机肥，破例地提了几桶水把它们浇个透湿，梦里它们长得像篮球般，而且个个甜如蜜。当然，我也没闲着，几天就为它们拍照一回。有一天透过镜头，我竟然发现菠萝上长出了一支支圆筒状的紫色花朵，我揉揉眼睛，凑近菠萝仔细端详，真的呀！菠萝会开花哪！我赶快把老婆请到菜园来欣赏。这一发现，让我大开眼界。从儿童到青年看过无数菠萝，从来都没想到菠萝会开花，真让我惊喜莫名啊！看着菠萝花谢，脱去粉白的婴儿服，换上带刺的菠萝装，身体也由红转绿，成为我熟悉的菠萝了。

菠萝由乒乓球般，变成鸡蛋、鹅蛋大小，再经过梅雨季的滋润和我的勤加照料，它们变成了饭碗般大小。我怕艳阳晒伤果实，特地用叶子为它们搭了一个小帐篷，它们就躲在里头，从叶缝里偷偷地瞧着我，十分可爱。

菠萝的成长十分缓慢，磨出了我的耐性，梅雨季后酷暑来临，菠萝长成了手球般，六月中旬，脸蛋也由绿慢慢转成黄色，"菠萝成熟了！"我大声欢呼。摘菠萝那天，我特地请老婆来观礼。本以为需要很用力摘，没想到只轻轻一扭，菠萝就离开了家，成为我们的收获了。晚上，我们品尝着菠萝，那滋味真是香甜无比，频频发出啧啧的赞美声就是最好的证明，一个菠萝，转瞬间就进了我们的五脏庙。

吃完菠萝，意犹未尽的老婆说："老公，菠萝真好吃，再种吧！"我想起由栽种到成熟需要漫长的两年，却只几分钟就享用完毕，不知如何回答。老婆又说了："菠萝种得愈多就会愈旺喔！"不错，菠萝花开旺旺来！既然老婆这么开心，那么，就再种吧！🐝

①新栽的菠萝苗　②可爱的菠萝果　③绑起叶子保护菠萝果　④菠萝成熟了

小百科>>菠萝，为热带水果，可生食或熟食。富含菠萝酵素及维生素B$_1$、维生素B$_2$、维生素C、铁、钙、磷等多种矿物质。但胃溃疡患者及空腹时不宜食用。

美菜小窍门>>少量种植时病虫害不多，耐旱，不宜太湿，日照要充足。种植时间颇长，首次收成后可再留侧芽继续生长两年，可连续收成。

142

甘蔗的
甜蜜岁月

对像我这个年龄的人来说，甘蔗是生活中甜蜜的源泉，是最受欢迎的好朋友。

乡下种满了制糖甘蔗，像一片高耸的绿色海洋。大人平日工作回来，都不忘为子女砍根甘蔗，让盼

○ 生机盎然的甘蔗

望糖果饼干又无法如愿的子女解馋。收获时节，载甘蔗的小火车旁总聚集了许多小孩，牛车载来山一般高的甘蔗，大人将成捆的甘蔗往车厢上丢，地上总有掉落的甘蔗，仿佛是上苍赐下的礼物，大伙儿顾不得主人及火车人员的吆喝，抢了一根就跑得远远的去啃，吃得满嘴灰灰黏黏的，笑起来像小丑。离开乡下住到都市，吃不到免费的白甘蔗，改吃物美价廉的红甘蔗。巷子里经常会看到卖甘蔗的农夫，他站在牛车上，拿起一根长长的甘蔗，大声喊着："五毛！"父亲有时会买个一两根，我如获至宝，回到家赶紧拿起菜刀，坐在门前埋首削起来，和弟妹们分享那甜甜的滋味。母亲知道孩子们喜欢吃甘蔗，有一次在路旁的空地种了两排。我开心极了，每天到甘蔗园旁盯着看，看它们从我脚旁开始冒出头来，然后长到我膝盖，高过头部。一根根红红的甘蔗吸引了许多小孩和路人。但路旁的甘蔗人见人爱，还没完全成熟，就已所剩无几。"烦人喔，又不是他们种的，怎么一根根把它拔走。"母亲唠叨着念。我也没吃到几根，甘蔗就没了。从此母亲就没再种过甘蔗，倒是我长大后经常买甘蔗吃，甜滋滋的甘蔗成了忙碌生活的点缀与回忆童年的源泉。

早就动起种甘蔗的念头，但蔗尾要到郊外的田里才有。为了几根甘蔗专程在收获季节耗费几个小时去向蔗农要，总是提不起劲。六月，乡下的高中邀我去为学生上几周新诗课，路上有蔗农摆的摊子。购买甘蔗时请老板为我砍几根蔗尾，她慷慨地答应了。就这样，我买了三个星期的甘蔗，要来了十余截蔗尾，展开种植甘蔗的岁月。

依蔗农的指示，先将蔗尾泡一夜水，然后掘土、放入堆肥，将蔗尾像火车箱一样，一截一截排起来，覆土，浇水，大功告成。

蔗苗一周后就冒出了头，细细小小的身躯在晨曦下像翡翠般闪亮，仿如绿色的珍宝，我拍下了它们诞生时的喜悦，看着甘蔗的成长成了我重温童年岁月最大的享受。艳阳下它们像饥渴的雏鸟，每天望着我为它们带来甘露；我也没让它们失望，几乎天天为它们浇水，其他蔬菜们一定会吃醋，尤其是菠萝，因为它们罕有这么好的照顾啊。勤于浇水换来甘蔗们的努力生长，它们像吹气似地长大，细细瘦瘦的身子一直往上蹿长，半个月后就有半人高了。

甘蔗的成长快速，一天一个高度。一人高以后开始横向发展，胖胖的甘蔗节出现了。虽只短短一节，我可是开心了半天，告诉老婆，快要有甘蔗吃了。她怀疑地说："哪有这么快，至少要半年吧！"我一想，说的也是，赶紧上网查资料。这一查才知道甘蔗生长期从一年到一年半不等，视栽种季节而定。我立即像泄了气的皮球，喔，老天，我还以为只要种一季就可大快朵颐了。到了菜园，望着甘蔗，我突然失去了热度，很难想象吃一根甘蔗还需要漫漫一年的时光。但既已种之，就像过河卒子，只能努力照顾啰，难道要废弃不成！

随着甘蔗的生长，我也多了一项剥蔗叶的工作。剥掉老叶，可促进蔗园通风，让甘蔗顺利成长。我剥得很起劲，几乎每天都在寻找可剥的蔗叶，巴不得每天剥下几片，让它们快快长大。刚剥下蔗叶的蔗节有的是粉红色的，早剥的还有点黄绿，像婴儿嫩嫩的皮肤，可爱极了。过了几天它们就转成暗红色，像一般甘蔗的外皮，真有趣。当我发现嫩嫩的蔗皮会引起蜗牛的觊觎，趁夜晚出来啃食，光滑的皮肤像小刀刮过一般，十分可怜，我赶紧

○ 可爱的蔗苗

煞车，不能太早剥，任何事都要选择适当时机，不然就会是"爱之适足以害之"了。剥去老叶的甘蔗展现了修长的身体，玉树临风般，微风一吹，沙沙作响，仿佛在开心地歌唱，又像在舞蹈，它们成了菜园里的小森林，有点沙哑的风铃，是一处独特的风景。

　　甘蔗的成长第一次遇到挫折是十月初的一场狂风暴雨，由于台风的共伴效应，台东连日下大雨，加上强烈的东北季风，蔗田变得松软，强风一吹，修长的甘蔗倒伏在地。我望着蔗园苦笑。趁着次日雨停时赶紧准备了粗竹子和铁丝实施抢救工程。在一排甘蔗两端斜斜打入竹子，绑上竹竿，将甘蔗扶起，用铁丝捆在竹子上。我好像甘蔗的父母，不断鼓励它们："加油！人生哪会一路风平浪静？遇到挫折就要更加勇敢。"但我可不敢说："跌倒了，就要自己爬起来！"这可会强甘蔗所难呢。由于泥土尚松软，甘蔗轻而易举就扶起来了；可是蔗叶叶缘却有锋利的锯齿，把我的手腕割得伤痕累累。初时我因为太过专注抢救工作而未曾注意，等到两个小时后工作完毕，才发现只靠轻便雨衣遮挡的手肘，早已红彤彤一片，还有一丝丝血迹，手肘热热麻麻的。但看到原来倒伏在地上的甘蔗又重新站立起来，心中一片欣喜，只要甘蔗重获生机，我一点皮肉伤又算什么！

　　费了九牛二虎之力，穿着轻便雨衣，在微雨中卖力工作了两个小时，总算把蔗园恢复

○ 倒伏的甘蔗

○ 钉上竹桩扶起后的甘蔗

原状，我拍拍手，取来相机为它们拍照，作为它们成长最好的见证。蔗园经过这次风雨的磨炼，有了坚固的支柱，再也不怕下一次的风雨了。人要愈挫愈勇，甘蔗何尝不是！为了让受伤的甘蔗顺利再生，次日我又挖了三桶泥土，覆盖在半裸露的根部上，用力踩一踩，甘蔗的成长迈向崭新的旅程。

这次倒伏事件幸好并未让它们的成长顿挫，只是稍微有点弯曲。我每天剥着蔗叶，表示它们就一寸寸地长大，愈来愈有红甘蔗的风采了。来访的老围看着甘蔗，都纷纷赞美它们盎然的生机。我的欣喜自不在话下。

但这份欣喜随着冬季频繁的东北季风慢慢地消逝了。由于菜园地势稍高，没有任何遮拦，三天两头的遒劲季风中，甘蔗虽有竹架支撑，但仍剧烈地摇晃，将我绑得紧紧的绳子摇松，甘蔗们几乎都挤向西侧，愈来愈高的甘蔗压垮了部分细瘦的竹架，又重演了倒伏的画面。我一次又一次地重绑，经常被蔗叶锐利的锯齿划伤，这才深深了解蔗农们的辛苦，当初以为甘蔗易种，不料要让它们长得亭亭玉立，竟是如此不易啊。

冬去春来，季风停止，蔗株已超过两米，虽不像市场上的甘蔗那般修长俊俏，可也算是不赖。禁不住好奇，砍了一根来试吃。甜度还不甚理想，但那美好香甜的滋味却缓缓流入心里，勾起漫长种植的回忆，以及童稚时尝甘蔗的快乐。再假以一段时日，所有的辛苦会化成甜蜜的糖分，在甘蔗红艳的身体里熠熠发光。🐞

○ 成长中的甘蔗

小百科>>甘蔗，富含各种糖类、维生素B_1、维生素B_2、维生素B_6、维生素C，含铁量为水果之冠。

美菜小窍门>>喜阳光充足、雨量充沛，生长期需大量的水，成熟期水分不可太多。成长期需要一年。长成一人高时要立竹竿固定，以免风大时倾倒，影响生长及外观。

148

水啊，
水

2012 年台东严重缺水。从年初到五月没落几滴雨，连梅雨季几乎天天都是晴空万里。昔日上班的岁月，雨和我几乎是两条平行线；如今有了一小块菜园，雨成了我最亲密的伴侣，最渴盼的情人了。

○ 因干旱而低垂着头的植物

菜园位于市区大排水沟旁，虽有潺潺流水，但我哪敢用那飘着臭味的污水来浇菜。就像大海上的漂流者，面对浩瀚汪洋，却不敢喝一口般。我的水源来自一百米开外的家中。每天早晚都要学习陶侃搬砖，提着水桶远远地去"救菜"。

说起我的提水故事，就有一肚子的辛酸。之前种菜时只有几畦葱、红凤菜和红薯叶，提两桶水，每棵菜上浇一勺就绰绰有余了。可是人心总是不满足的，像帝王总想扩大国家的版图，我的菜园就像国画的渲染般，慢慢地向旁边延伸，由两畦、三畦到五畦，僧多粥少的水，开始实施隔日或多日分区供水，有些甚至长期陷入干渴之中，奄奄一息。

为了改善供水问题，经过一番缜密的研究，我实施了"种菜 A 计划"：多种耐旱植物，如玉米、花生、红薯叶，少种叶菜类。于是玉米长出来了，果然不需要很多水，它也可以长得欣欣向荣；花生虽然发芽率不高，但不浇水竟然也可以长得绿意盎然、黄花满地，看得我心花怒放，直称自己英明。

可是随着春去夏来，我的计划也失效了，菜园陷入了更严重的干旱。提着水到菜园，仿佛听到每棵植物都哀求着："我需要水啊，请给我一勺水！"盛夏的太阳可以让植物长得枝繁叶茂，但也会让它们枝干叶落，一命呜呼。我摸着被晒得火烫的泥土，心里一阵难过。浇下水，竟然还冒起水蒸气。一小勺水不到几分钟就完全蒸发了，我愣在菜园里，众菜们好像都在指责我："没水就不要种我们啊！"是啊，让它们饱受干涸之苦，我真是罪过！

当然，也会有阴天的时候。望着满天乌云，我都会合掌虔诚地默祷，希望夜里能下一场大雨，解决我的菜园旱灾。可是老天总爱跟我开玩笑，第二天依旧晴空万里。有时电视里播报各地甘霖普降，独缺我这。在北部的儿子来电："我们这下大雨了呢，您这没下吗？"岳父也说："每天下午都会下一阵雨，你这没下吗？"亲友们都知道我不求官不求财只求下大雨，可这点卑微的愿望也难以实现。盼望雨太殷切了，有时半夜里醒来，听到邻居的冷气声，都会以为下雨了。妻说植物们若知道了我的心情，一定会感动得涕泗纵横。

盼呀盼的，总也会盼到下雨。有一天傍晚，天空阴阴的，我正在除草，忽然落起雨来。珍珠般的雨滴落在土里，然后消失，泥土好像海绵，紧紧抱住雨滴，我觉得有趣极了。站在雨中，好像植物一样，开心地让雨淋着。正在陶醉时，老婆带着伞来了："看你，下雨了都不知道回家。"我才依依不舍地离开，众菜们好像在

○ 铺上干草可防止水分蒸发

○ 干旱的土地犹如沙漠

对我说："主人，今天就好好睡个觉吧，别担心我们了。"

有时雨下得不多，连土尚未湿透就停止了，我总怪老天爷"为德不足"；妻说："要知足呀，至少让叶片滋润了，你也少浇许多水啊。"有时下得多，我可以暂时"休水"一星期，在家安心读书写作。但我最怕下暴雨，倾盆而下的雨水会冲垮田畦，原本就不厚的泥土，被冲得只剩薄薄一层。等天晴后我还得赶快拿锄头把田沟里的泥土挖起来，不然菜畦就变成平地了。

有时，会像中彩票一样，一连下了一星期的雨。蔬菜们在雨中开丰年祭，洋溢着无比的欢愉。我看了十分欣慰，感谢上苍的恩赐，让她们尝到开园以来最充沛的水分。

不过我也高兴得太早，每种植物都长得欣欣向荣并非好事，至少那十余棵花生就已太过茂盛，枝叶爬满了田畦，听说这样会结不出果实。还有，因干旱而压制生长的杂草，突然间都醒来了，一夕之间全冒出头来，尤其是密密麻麻的土香草，我可能要耗费半个月时间来和它们战斗呢。

《贞观政要》说："水能载舟，亦能覆舟。"祭典时最常听到祈求"风调雨顺，国泰民安"，水啊，水！真是世间最不能缺少，却也不能过量的东西呀。种了菜，才知道这些看来简单平常的话，却含有最深的哲理呢！ 🌼

153 | 因菜施肥

种了菜才知这真是一门大学问，难怪孔老夫子会说："吾不如老圃。"不谈种菜时机、育苗、栽种、除虫……单是施肥一项，若要细究，就会把你弄得头昏脑胀。

翻开蔬菜肥料表，真是琳琅满目，

○ 植物需要适当的肥料才能生机盎然

○ 长得十分挺拔的甜菜根

令人目不暇接，主要的肥料就有十六种：氮、磷、钾……依类别分成有机肥，如：堆肥、鸡粪、猪粪、羊粪、豆饼等。还有化学肥料，又分成单肥及复合肥料两种。它们分别施放于花果及叶菜类植物。到了肥料店，老板会依需要给你适当的肥料。种菜的小农夫大多会选择颗粒状的有机肥，只要一种就可以撒遍所有蔬菜，多么方便。可是有机肥品牌也不少，本地产的，外国进口的，掺杂的不外是各种动物粪便、骨粉、椰子壳、海鸟磷肥等琳琅满目。

　　开辟菜园后，听说我要施肥，老婆疑惑地问我："海鸟肥？会不会得禽流感？最近新闻报道说禽流感大流行，要小心候鸟，可能会带禽流感病菌。"她劝我还是不要买鸟肥。那么动物粪便呢？她看了我买回来的羊粪被雨淋后，成了一团黏糊糊恶心的东西就叫我不要再用了。我告诉她，小时候乡下人都是用稀释后的粪便施肥，她赶紧闭上眼睛。为了不让老婆产生困扰，我开始讲"美丽的谎言"，只要她问："菜还施肥吗？"我就说："现在我种的菜只要勤浇水和拔草，加上爱心就会长得又快又漂亮了。"

当然她会疑惑地望着我，我就摆出一副权威的模样。她有时会到菜园参观，表达爱的关怀。看到菜园旁边那些大塑料袋，对里面的内容物十分好奇，我说："那是有机土，给蔬菜们的礼物，朋友送的。"既是朋友送的，她就不再追问下去。有时我就顾左右而言他，忙着介绍各式各样蔬菜，她像视察的长官，娇柔地说："好漂亮喔！""好香喔！"然后总结一句："老公最辛苦了！"我立刻露出谦虚的笑容："我辛苦种菜，让老婆吃得舒舒服服，就是最大的安慰了！"在我的迷汤攻势下，她就会忘了肥料的事，开开心心地回家去了。待她美丽的身影消失在围墙转角，我就赶快打开塑料袋，舀出羊粪或有机肥，埋进泥土里……

另一种属于有机堆肥我也曾尝试：在田边挖个大坑，把家中的果菜叶放入，覆上泥土，一层又一层，待腐烂发酵后，就可以混合在泥土里当作肥料。但制作堆肥耗时甚久，数量也不多；再加上无法随时作追肥施用，所以只是客串性质。大部分时候，我还是懒得去了解书上介绍的氮、磷、钾的作用，不管果实类、叶菜类要施什么肥，只采用我的"懒人种菜法"：种菜前在泥土里埋些羊粪当作基肥，过些日子再追加有机肥，它们就会生机盎然。至于"用爱心浇灌"的事，那是有情的人类，老婆才会相信的事，蔬菜们可不买账呢。不然你问问它们："如果不施肥料，你们会不会长大？"它们一定会随着微风对你摇摇头。

孔子推动平民教育，采用"因材施教"法，培育出许多栋梁之才；我的小菜园虽没有三千弟子，但也应该仿效他来个"因菜施肥"。幸好园中没有栽植特殊的蔬菜，需要特别的肥料，我把施肥这等大事简单化，交给几种随处可购得的肥料，众菜们也很合作，个个欣欣向荣、乐在其中，我不禁要合掌默祷啊！

附记：

一、本文所述施肥方式纯系笔者及大多数业余老圃们的"懒人种菜法"，读者们想要了解正确的方法，可请教肥料商。

二、动物粪便中以鸡粪效果较佳，但有异味且易滋生苍蝇，不适合在市区施用；羊粪则无此困扰。🐛

小百科 >> 蔬菜肥料有下列三种。

一、氮肥：又称叶肥，促使枝叶茂盛、茎梗强健，适合叶菜类作物。

二、磷肥：又称花肥，利于开花或果实硕大，适合花果类作物。

三、钾肥：又称茎肥，增进茎部及根部发育，适合根茎类作物。

有机栽培时建议选购颗粒状的有机肥，属综合肥料，一般蔬菜皆适用。

157 | 虫虫
危机

知识分子以"家事国事天下事，事事关心"为己任；家庭主妇开门七件事："柴米油盐酱醋茶"；农夫种菜也念兹在兹："浇水、除草、除虫、施肥"。的确，种菜四件事，没有一件不让农夫费心。但浇水、除草、施肥只要勤劳就可以克服；而虫虫会让蔬

○ 蜗牛与草蛉

○ 正在吃红薯叶的蜗牛

菜生病，甚至死亡，令人头痛万分、手足无措。

　　种菜伊始，我就陷入和卷心菜虫缠斗的噩梦里一个多月，每天紧张兮兮的，连做梦都在抓虫。几天不在家，虫虫们就占领了整棵菜，真不知它们是从哪儿冒出来的，难怪农夫会频繁地喷洒农药。我最后向卷心菜虫们投降，像诸葛亮挥泪斩马谡，把它们全部砍除。

　　除了卷心菜虫，其他蔬菜们当然也都有虫虫危机：胭脂茄美女就遇过粉状的介壳虫，叶片背面厚厚的一层，一碰就漫天飞舞，让人看了十分恶心。幸好只种了十棵茄子，我靠着耐心和毅力，逐一清理，并剪掉严重虫害的叶片，才算解除了这个危机。除了介壳虫，它们的叶子还被一种我从来没看过的虫咬得像渔网，惨不忍睹。我也是将虫害的叶子剪去，让它们重新发芽长叶，才恢复生机。

　　另一个虫害发生在玉米。开花抽穗后蚜虫就开始不请自来，千军万马驻扎在叶心里，黑压压一片，仿佛即将发生世界大战一般。蚜虫吸引了无数的蚂蚁，每天吃着蚜虫的分泌物。我看了真担心玉米会病倒，赶紧拿抹布蘸酒精来擦拭它们，灾情总算没有扩大。不久又来了漂亮的瓢虫和金龟子，我也一一抓起来。我的大舅子是玉米专家，他笑着告诉我："瓢虫会吃蚜虫，金龟子不抓也没关系。"我总算长了知识：并不是所有的虫都要抓的。

另一种让我无计可施的虫害是专叮瓜类的小果蝇，苦瓜就是受害者。它刚刚一长出来，嫩嫩的皮肤多么可爱！我还来不及把它包起来，小果蝇就先攻击了它，只轻轻一叮，它立刻红肿，几天后就夭折了。老圃告诉我，可以去农药店买专捉小果蝇的吊笼，里面放了一种药，它们被吸引过去，然后死在里头。我因只种了两棵苦瓜，不想这么费神，就放它们一马了。

　　蜗牛和草蛭也是蔬菜的灾难；尤其是刚发芽时，一旦被它们发现就大事不妙了。它们大多在半夜里出来大快朵颐，黎明时就逃之夭夭了，让你恨得牙痒痒的，因为它们往往把菜心吃得一干二净，整棵菜芽全报销，除了重新播种别无他法。蜗牛白天会躲在草丛或石头缝里，要找它们可不容易，只有在下毛毛雨时，它们会成群结队出来，这时就是逮它们的好时机了。我曾经在雨后连续几天清晨去抓它们，积了一大袋，送去给喜欢吃蜗牛的好友。没想到他忽然动了恻隐之心，我们一起开车把它们送到二十几公里外的山上放生了；山上应该是它们的乐园吧。至于草蛭虽然小，但对蔬菜的为害比起蜗牛也不遑多让。它们不像蜗牛做错了事会惭愧地逃走，而是慢条斯理地在菜园中大大方方地爬着，让你看了就会生气地把它们抓起来。有一次我播种豇豆后用草覆盖着，次日清晨浇水时发现草上有许多小草蛭，打开一看，表层和土里密密麻麻的，我一只只抓起来，两排豇豆六个豆穴总共抓了七十一只，让我浑身起鸡皮疙瘩，恶心得不得了。

至于空心菜叶上蹦蹦跳跳的小蝗虫，或是红薯块茎里的蛀虫都不足为道。因为小规模种植，为害也就不大，套句老圃们常说的："虫吃剩的再给人吃。"看，多宽宏大量！

除了这些直接危害蔬菜的虫虫，没想到雨水和阳光也会造成灾害：雨水过多，叶菜类会腐烂；大雨过后出现艳阳，瓜果会被晒伤或腐烂。农夫面对这么多恐怖的敌人，怎能不战战兢兢应对？又怎能不殚精竭虑想尽各种方法来克服？因为辛苦耕作的蔬果如果在一场虫害中夭折，再重新种植和收成，已是半个月或一年后的事了，他们如何在耗尽汗水与钱财后，再度重燃勇气与信心？如果下一次再度遇到虫害呢？农夫不会犹豫，会立刻把这些虫虫交给农药去处理，用最快的方式消灭掉。因为种蔬菜只有微薄的利润，他们需要生活，承受不起"劳而不获"的结果。

而我，只是玩票性质的过客。面对虫虫，就用最原始的人工除虫法吧。我需要蔬菜，虫虫们也是，差别只在：我是蔬菜的主人，它们不是。🪲

161 | 菜园
宵小

谈起宵小，已是很遥远的记忆了。

小时候社会经济普遍欠佳，每逢年关，母亲总要叮咛我们："晚上不要睡得太熟，院子里的笼子如果有动静，就要赶紧起来察看，可能是小偷来偷鸡鸭。"为了不让母亲烦恼，身为家中老大的我总会

○ 欣欣向荣的蔬菜容易引起宵小的垂涎

竖起耳朵，一直注意到深夜。有时听到遒劲的东北季风吹动鸭笼的铁皮，哐当作响，都以为是小偷，摇摇母亲，她听了一会，说："是风声。"又倒头睡去。有一次，半夜里邻居人声鼎沸，有人喊着："抓小偷！"爸妈闻声起来，我们也出去看热闹。原来是小偷摸黑打开鸡笼，一笼鸡鸭惊吓得大叫，主人拿着棍子冲出去，小偷早已吓得逃之夭夭，只留下半开的笼门和一群被扰得无法安眠的无辜百姓。

现代社会早已脱离了穷困，那种趁着夜黑风高神出鬼没偷窃鸡鸭的宵小已罕听闻，现在的宵小似乎转型了，胆子也大了些，连光天化日下也出现了。家门前种了三棵面包树，结了不少果子。面包果削去外皮后加小鱼干或排骨煮汤，别有一番风味，我和妻都喜欢，摘后吃不完的就送给邻居和好友。有一天清晨，面包树下有个晃动的人影，我从窗户望去，一个妇女拿着绑着镰刀的长竹竿正在摘面包果。我和妻向她表示那是我们种的面包树。她露出吃惊的表情说："啊，我以为是自己长出来的，没人要的。"却毫无一点歉意。妻说："没关系，如果你喜欢吃，随时都欢迎你来摘，不过希望你每次能留两个给我们。"她听后随手从袋子里拿出两个果实递给我们，然后拎着两大袋面包果走了。有了妻的体贴心意，妇女仿佛有了采果同意书，以后我们经常会在门口拾到几个小小的果实，就知道那个妇女又来过了。市场上的面包果并不便宜，一小包削好的果实要价三十元，这妇女到处采摘面包果送去贩卖，完全不必耕耘，也算是一种特殊的宵小吧。面包果旁是邻居周先生种的龙眼树，去岁首次结果，累累的果实愈长愈大，让人看了满心欢喜，充满期待。有一天清晨，在附近活动的几个男子竟然爬上围墙，拉下枝杈，把果实摘个精光。周先生看着光秃秃的龙眼树，仿佛被强制剥去衣物的受害者，那伙做错了事却不以为意的民众，可能还不知这种行为已触犯了刑法吧？

种龙眼树与面包树耗费的精神较少，我们稍能释怀，令我懊恼的还是菜园的宵小了。耕耘了一年的菜园，脱去了干旱贫瘠的外衣，变成一块膏腴之地，蔬菜欣欣向荣、绿意盎然，我们种得兴起，吃得开心；可是位处闹市的菜园却引起宵小的垂涎。首先被光顾的是靠近路边的郭太太菜园。她发现几排待收的韭菜和葱不翼而飞，接着几棵牛皮菜也被连根拔走，成熟的青椒消失了，手指般的秋葵也不见了。我听后还有点心存侥幸，我的菜园在后头，宵小容易偷的是靠路边的菜，总不会冒着被发现的危险，深入我的菜园吧。

我和郭太太到菜园的次数变频繁了。她六点早起浇水，我随后。早餐后她又去除草种菜，我则在做午饭时分去摘菜。傍晚学校放学，人来人往，我们也在菜园忙碌，一直到夜幕笼罩。菜园随时维持着警戒状态，希望宵小望而却步；可是我们的努力并未换来菜园的安宁。不但郭太太的菜园仍然经常演出蔬菜失踪记，不久，我的菜园也惨遭波及。先是红色的番茄，继之是菠菜，再来是半畦的甜菜根纷纷失踪，更出人意料的是正在开花的草莓被连根拔走，还有水桶和水壶也不翼而飞。望着长期耕耘的心血化为乌有，我有无限感慨。但蔬菜价廉，听说大卖场一棵 Q 妹才三块钱，街头满载卷心菜的小货车上挂着"三颗五十元"的牌子，我们总不能因这小钱而向警察局报案，请他们巡视保护吧。

我想起《吕氏春秋》中的一段故事：荆人有遗弓者，而不肯索，曰："荆人遗之，荆人得之，又何索焉。"孔子闻之曰："去其'荆'而可矣。"老聃闻之曰："去其'人'而可矣。"《吕氏春秋》评论说老聃是个至公的人，像伟大的天地，生育万物而不当作是自己的子女，成就万物能与世人共有。这样的廓然大公让我豁然开朗，宵小有所需才会费尽心机偷窃，我们就当作是做善事，寒冬送菜吧！🌿

164 | 春秋
代序

萧瑟的秋天到了。以前在凉凉的秋风中，很自然地会想起古代的"秋决"。不只死刑犯在秋天伏法，许多生物也会在秋天老去，秋天是充满了肃杀之气的季节。种了菜，却有了不同的体认：秋天诚然百物凋零，却更

○ 剪枝后的秋葵仍生生不息

是众菜滋长的季节。

凡是生命都有生长的周期，有朝生暮死的蜉蝣，也有庄子在《逍遥篇》所说的大年、小年："朝菌不知晦朔，蟪蛄不知春秋，此小年也。楚之南有冥灵者，以五百岁为春，五百岁为秋；上古有大椿者，以八千岁为春，八千岁为秋。此大年也。"这样算起来大多数的菜都是"小年"罢了。秋风一吹，被我誉为"菜园模范生"的红凤菜首先不支，竖起了白旗。在台风后长达一个多月滴雨未落的干旱中，一棵一棵地转黄、转褐，然后干枯。我频频浇水也挽不回它的生命。望着原来生机盎然的红凤菜圃，旋踵间仿佛成了沙漠中的荒城，我终于明白了秋风萧瑟百草黄，蒹葭苍苍，白露为霜的厉害了。

豇豆也是。它努力结出了长长的豆荚，让我们大快朵颐。可是它的生命也逐渐老化：刚长出的豇豆最长可达四十厘米，匀称漂亮，令人爱不释手。接着，豆子愈来愈短，愈来愈瘦，有些甚至只剩十来厘米，或头尾胖瘦不一。最后更不成豆样，随便长出一条就了事，而且弯弯的，像个逗号。不到一个月豆子树就转黄了，花有一朵没一朵地开着，豆子在风中晃呀晃的，犹如秋风中残留的叶子，一阵风来就会飘落。我惆怅地把它的藤蔓和棚子收拾收拾，依依告别。

不过，有些菜的生命还有另一种令我惊讶的转换方式：台风让我的菜园遭了殃。茄子和秋葵受伤最重，像遭遇大车祸一般断手断脚，奄奄一息。我把它们扶正，还立了竹子固定，它们在我细心照顾下逐渐恢复生机，继续开花结果；尤其茄子，长了四五十条，一时之间，菜园仿佛开 Party，紫色花朵和修长的身影晃来晃去，热闹得不得了。没想到在蓬勃的生机背后，却有另一股生命力在滋长。立秋后，茄子树干旁长出了一两株小芽，我并不以为意，以为是插花性质的新生代。没想到小芽长得飞快，不到一周，竟已有十余厘米高。更奇特的是它们也开了花，原来的枝干不知怎的，慢慢地枯萎，竟至干枯，枝上的小茄子还没长大就一命呜呼。我只好把原来的枝干剪去，让新芽替代了母株。望着它们，心中悚然一惊，像闭关的比丘忽然间顿悟了：这不就是另一种生命的转换吗？茄子在静默中完成了生命的传承，有了新的生机。新枝成了菜园里的生力军，让我既惊又喜。

秋葵也是。身高超过两米的秋葵，抽得愈来愈长，愈来愈瘦，我还要弯下它的枝干来摘果实。有一天，无意中也发现它的基部长出了新芽，开了花，长出了小秋葵，一点都不逊于它的母亲。有了茄子的经验，我也拿起剪子，把庞然大树拦腰剪断。只听到秋葵"咔"的一声，就缩回了它幼儿园时的身高，秋葵区恢复了几个月前初长的模样，黄花开遍，生机盎然。

生机盎然的不只是茄子和秋葵，夏日空荡荡的菜畦也像菜市场热闹了起来。查了农历，问了种子店，才知道秋天是菜农繁忙的季节，蔬菜们的乐园。我一口气撒了白菜、菠菜、茴香菜、茼蒿菜、半结球莴苣，种了白萝卜、红皮萝卜、胡萝卜，又培育了大头菜、菜心

○ 秋天是蔬菜的天堂

○ 奄奄一息的红凤菜

等菜苗。老婆听了不敢相信我这么能干，种了这么多种菜。她夏天时吃了太多红薯叶、秋葵，仿佛玩腻了电玩的小孩，正在期待新的游戏一般，希望有新的蔬菜换换口味。她天天都这样期待："可以摘白菜和茼蒿来吃火锅了吗？"也不管蔬菜们的成长期。我只好日日浇水，天天催促。半个月后白菜先上场，接着是菠菜、茼蒿……在瑟瑟秋风中，我和老婆享受着热腾腾的火锅，涮着可口的青菜，开心得不知今夕是何夕了。

《文心雕龙·物色》有言："春秋代序，阴阳惨舒，物色之动，心亦摇焉。盖阳气萌而玄驹步，阴律凝而丹鸟羞，微虫犹或入感，四时之动物深矣。"春秋默默代序，阴阳自然惨舒，万物的蓬勃、消长无时无刻不在轮转，植物们的生长其实也不尽然是春耕、夏耘、秋收、冬藏，在蔬菜们的世界，秋天才是热闹的舞台，快乐的天堂。

不相信吗？请到郊外的菜圃瞧瞧，那些可爱的小生命正在清冷的秋风中为您热情地舞蹈！

○ 新旧交替的茄子

168 | 以菜
会友

种了菜，朋友多了，友谊也更深厚了。

老友们退休后最喜欢的活动大多是旅游。大半辈子或终日案牍劳形，或照护子女，鲜有机会做长途旅行，如今卸下重担，游遍名山大川，不亦快哉！另一种乐趣就是莳花种菜。莳

○ 作者夫妇送菜给来访好友

花较易，只要几个盆子，一点空间就能繁花开遍，美不胜收。种菜就大不易了。既要空间，也要知识，从来不曾接触过农事的书生，压根儿也不会想种菜；即使种了菜，也难有收获。我有孔子"吾少也贱，故多能鄙事"的生长环境，从小就在田里打滚，掘土种菜对我这乡下小孩来说，根本就是像"桌上拿柑"般容易。好不容易在寸土寸金的都市，在住家附近有一块可以种菜的土地，是多么幸运的事！我就像老婆说的：像来到草原撒开步伐的野马，冲劲十足了。每天早晚种菜浇水除草兼施肥，忙得不亦乐乎。应了那句咖啡广告词："你若在家中找不到我，就是在菜园，或是在去菜园的路上。"

种了菜，老友相见，话题也多了，像："你的茄子长了没？""茼蒿可以吃了吧？""为什么我的南瓜总不会结果？""我有 Q 妹苗，你要种吗？""你有丝瓜种子吗？"有时请教菜事问题，有时聊聊蔬菜们的生长，生活中注入了活水，有了新的话题，再也不会无聊了。打种菜后就几乎没上过市场买菜，每天都有吃不完的有机菜，还可以分送亲朋好友，做做"蔬菜外交"。接到蔬菜的朋友们都很开心，因为这是最美味的食物啊。有时朋友们来访，就会带他们去参观菜园，有些人还不知是如假包换的土地，以为是屋顶菜园；有些人还怀疑我在开玩笑，尤其是"开心农场"正火的时期，一定要加上"开心农场的现实版"，不然大部分人都会以为是在网络上种菜。看完菜园，当然就会随手摘一把菜让他们带回去，礼轻情意重，朋友也不会推辞，结果是宾主尽欢，笑声满菜园。有几次去拜访多年不见的老友，蔬菜就成了最好的伴手礼，一袋美味的胡萝卜，成了友情的升华剂，蔬菜们真是居功厥伟啊！

种了菜，写些心得，配上图片在报上发表，多年不见的老友们看了，还会来电联络，他们不太相信爬格子的我也会种菜，这也是意外的收获。有一天中午我正在午睡，电话响起，是位回乡下探亲的老同学，特地来看看我的菜园。望着我那欣欣向荣的园地，他十分羡慕地说："好像是陶渊明呐，终于实现你的梦想啰！"是啊，种菜的心境，像根植在读书人心中既平凡又踏实的一个梦。我在微雨中挥着手，看着他的车消失在街的转角，心中一阵感动与安慰。

越走进蔬菜世界，益发觉得种菜知识的不足。面对那汪蔬菜的大海，我像沙漠里饥渴的旅人，到处请教老圃，也到图书馆借阅有关书籍。琳琅满目图文并茂的菜书，令我获益良多；尤其是许多作者利用阳台种菜，同水泥丛林中的人们分享心得，成了最好的模范。我每天勤做种菜笔记，将每一种菜的成长都详细做记录。我常想，当年读书写作若有这般用功，也许今日成就就不仅如此了。但学习的动机要看需要，我强烈的种菜欲望正是学习最强最好的力量，收获当然也就丰硕了。

随着时间流逝，我和老友之间也发展出一个原则：彼此种些不一样的菜。因为土质与环境不同，加上每个人具备的常识互异，所以栽种的蔬菜也不一样，这就成了交流的好时机。因为我住在市中心，所以四面八方的好友们常会到菜园看我，并携来他们栽种的蔬菜；我当然也现摘可口的蔬菜回送。老友们看看菜园，指导我这新手种菜，说我颇有慧根，有长江后浪推前浪之势，我就开心得手舞足蹈起来了。

○ 赠送礼品

学武之人总爱在道馆里悬上"以武会友"的匾额，文人也爱说"以文会友"，我种了菜，就是"以菜会友"啦。种菜可以联络田埂朋友间的情谊，由于相互切磋，友谊更深厚了；"蔬菜外交"可以结交朋友，真是此乐何极啊！如果您来台东，请到我的小菜园，看到满园的翠绿和欣欣向荣的蔬菜，一定会像我一样，对生活和人生充满了希望。我深信只要付出爱心，就会有无限的收获：除了美味健康的蔬菜，还有浓浓的情谊，因为菜园里烙印着一块"以菜会友"的招牌啊！🐝

○ 菜园与来宾

172 | 菜园恋人

一般人很难想象，这一年多每次出国旅行，我想念的不仅是亲人，还有菜园。

在游览车上，团员们有的展示乖孙照片；有的口沫横飞畅叙孩子成就；更有的请大家欣赏家中狗儿的英姿。尤其是谈到狗儿，我发现几乎养狗人家手机里都有爱狗的

○ 玫瑰花让菜园增添诗意

照片。大伙凑在一起，好几个手机竖起来，争着说："看我家狗狗多帅！"如果养的是同一种狗，那更不得了："喂，告诉你，我家那只拉布拉多犬……你家的呢？"说到后来恨不得立刻把狗抱来，结成亲家。更夸张的是到山东旅行，到了济南，女导游说，晚上可以回去抱抱家中狗狗了。一堆女生开始问："你养什么狗？""什么！是黄金猎犬！我也是，你看它的照片！"女导游也把手机里的爱犬送过来，于是车上什么景点都消失了，立刻变成参观狗世界，两岸的狗也差点联姻起来。我看着这些热闹有趣的场景，不知不觉就会想起菜园。我和她们不都一样吗？只是我把狗狗换成了菜园。打种菜起，我经常为众菜拍照，从撒苗或定植起，每隔一段时间就要留下它们的身影，它们是我的最佳模特儿，老婆看了几乎要吃醋。现在我拍的菜园照片已有二千多张，没事时还会打开电脑，欣赏那些曾经在菜园里灿烂过或夭折过的植物，觉得既有成就感又甜蜜。有一次还把照片放在存储卡带去台中放给妈看，妈还称赞我种得有模有样，有她的遗传，我听了乐不可支。

去秋，到日本赏枫。彩色的大地让人心都红艳起来，大伙儿看得兴起，快门当然就按个不停，我自然也不会错过机会。忽然我被一块种满萝卜的菜园吸引过去了。那些萝卜像好奇宝宝，探出了一半身体，像白玉般美极了。我拍着它们，不禁想起我的菜园。出门前，我种的萝卜也是一样，探出的雪白身体仿佛挥着小手向我说再见。不知它们是否能抵得过虫虫们的侵害，健康地欢迎我回家？日本农夫把拔起的萝卜挂在篱墙上，长长的一排，像欧洲沙滩上在做日光浴的女孩；有的挂在屋檐下，听说是已腌过，要晒萝卜干。我也在名产店里看到用稻草包装得很漂亮的萝卜干，光是这种生意头脑就让我们望尘莫及，因为我们大多只会把萝卜切条晒成干出售。还有，在阿信的故乡银川温泉，美丽的瀑布旁，正好有一块菜圃，种了各式蔬菜。农夫在清澈的水流声中穿着雨靴，拔着草，摘着菜，多像工

①玫瑰和彩色卷心菜点缀的菜园
②美丽的菜园是钟情的所在
③青岛菜园旁的樱花

作中的我呀！我和老婆向他挥手招呼，他也回我们一个甜甜的笑容。就这样，我一路看着日本的萝卜园和菜园，一路深深思念远方家乡的菜园。

今春到山东，欣赏齐鲁大地风情。有一日清晨与老婆在旅邸附近漫步，那时节正逢樱花怒放，随着花儿的足迹一路望去，不觉走到一处菜园，像一块磁铁，把我们迷住了。菜园约莫七十平方米，两棵粉色的樱花树上挤满了争妍比美的花儿，像一团团花雾。园里种了彩色的卷心菜，紫的、黄的、绿的、红的像一个个彩球，在土地上织出一片美丽的锦缎，它们一层层地往上长，又像一个个美丽可口的蛋糕。不仅如此，园边还种了玫瑰花……我们伫立在园边看得陶醉了，久久不忍离去。这座菜园的主人除了种菜，还有一片诗情，把菜园经营得如此兼具物质与精神之美，是何等难得的境界！当我们望得入神时，一位老者缓缓走来，原来是菜园的主人。我赞美他的菜园，他笑一笑："随便种种，好玩！"这时，我也不禁想起远方家乡的菜园。每天劳碌辛苦的我，只关心菜的生长，有多少闲情欣赏飞舞的蝶儿（不成，要立刻驱逐出境）和田埂上的小花（杂草应该是拔之而后快）？

　　冬天在大陆北方旅行，最令我感动的是农夫辛苦搭建的温室菜园。厚厚的草被子盖在透明的塑胶屋顶上，白天，把草卷起，拉到屋顶，像一团团草堆，让阳光照射蔬菜；晚上再把草被子放下，以便保暖。那屋子盖得极矮，大概为了节省成本，但人在里头工作可就局促不便了。听说有的温室还利用地热或装接工厂的热气，让室内保持一定的温度。这种方式种的菜虽不漂亮，但已大大改变北方冬天和初春低温下无法耕作，人们没有新鲜蔬菜，只能食用泡菜或咸菜的生活方式。我在洛阳的菜摊上看到长得短短细细极为清瘦的菠菜，一问之下，才知农夫栽种它们的过程。农夫干瘦的脸孔，龟裂的双手，贩售着辛苦种出的蔬菜，我吃起来特别香甜，也自然地想起远方家乡的菜园。其实在亚热带地区种菜，条件比他们优越许多；"他山之石可以攻玉"，我也要克服有机种菜的困难，找出更有效更方便的方式，让菜们顺利成长才是。

　　欧洲人在屋院里极少种菜，大部分都是花的世界，仿佛他们只会种花，种菜是农夫们的工作。只有一次例外。在德国莱茵河畔漫步时，看到一栋乡间别墅，庭院里花团锦簇，洋溢着春天的气息。眼尖的我，在一艘废弃的小艇上，看到主人栽种的油菜与生菜，这些蔬菜仿佛即将出航的旅人，十分有趣。我像遇到知己般，兴奋地赶紧拍照。远方家乡的菜园不觉又浮上心头。欧洲行旅，漫漫时日，它们无人浇灌，完全要靠上苍，不知能否挺到我回家？

除了像磁铁般的菜园，我和老婆也喜欢逛市集。大陆的市场与台湾相仿，农夫挑着蔬菜吆喝着，我们一路欣赏拍照，对不认识的菜还会请教一番。最有趣的是在云南白沙村，和一群卖菜心的太太们闲聊。那菜心，胖得像手腕般，老婆实在喜欢，不停地欣赏并问价格，她们笑着说："二角，可是你们又买不得。"说得可真不错，我们是观光客啊，大家都不觉一笑。欧洲的市集有不一样的风情。广场上摆着一摊摊彩色的果菜，好像艺术品。买菜的太太妈妈们挑着菜，似乎在欣赏着艺术品一般。这时，我又会想起远方家乡的菜园。想起那些长得像营养不良又乏人照顾的蔬菜，可也是我钟爱的、安全又营养的宝贝。

旅行回家后，第一件事不是拿出行李，整理一路上的收获，而是冲到菜园看看菜儿们是否无恙？仿佛久别的情人，要来一个紧紧的拥抱。是啊！经过了一年多的耕耘，菜园已成了我亲密的恋人，最可靠的知己。在异乡的岁月，我无时无刻不恋着它。老婆是不会吃醋的，它们长得愈好愈漂亮，她会愈高兴，因为餐桌上就会有无尽的美食啊。

现在，我已在菜园外围种上清香的野姜花，像公主般美丽的玫瑰花，各式各样的扶桑花，还要种些会开紫色小圆球花朵的含羞草，还有……我记得山东饭店附近那座美得像诗的菜园，我也要好好打扮菜园，让菜园更美丽，因为它是我至爱的恋人啊。🌿

○ 南瓜花

○ 欣欣向荣的菠萝富有阳刚之美

178 | 菜园
絮语

用心地种了一年菜，俨然是一位老圃了。谈起种菜的酸甜苦辣，仿佛滔滔不绝的江河。冬去春来，时序经历了一番轮回，我的心，有一份笃定，也有一些新意。笃定，缘自一年来的经验；

○ 美丽的番茄使菜园富有文学味

新意，来自创意的改变与实验。

王国维在《人间词话》中将人生分成坚定信念、勇往直前、柳暗花明的三个境界："昨夜西风凋碧树，独上高楼，望尽天涯路""衣带渐宽终不悔，为伊消得人憔悴"、"众里寻他千百度，蓦然回首，那人却在，灯火阑珊处"。佛教禅宗惟信和尚曾以"见山是山，见水是水"到"见山不是山，见水不是水"再回归到"见山是山，见水是水"来说明学禅悟道的三个境界。我种菜刚刚经过一年，谈境界也许太早，但世事虽如棋，种菜却很平实，春秋代序，四季轮回，蔬菜们快乐地在土地上生长，其实也没有太深奥的学问。只要用心对待、细心观察，一年时光，心境也会随着王国维、惟信而轮转，有一番领悟。

拥有菜园，虽只是一块杂草丛生、堆置废土的荒地，却已圆了半辈子的梦，心中的喜悦应了那句话："连做梦也会笑。"我抡起锄头在土地上努力地耕种起来。挖土整地、播种购苗、提水浇灌、除草、施肥、驱虫，生活顿时忙碌起来。黎明即起，黄昏始回，连中午大太阳时也会去菜园巡视。心被菜园紧紧缠住，蔬菜成了生活的重心，一棵菜的死亡或收成，都会牵动我的心情。我的心像郑愁予《错误》里向晚的青石街道，蔬菜们的变化是敲响心灵的蹄声啊。数不清多少时候，黯然于被虫虫吞噬的卷心菜里；驱赶在菜园里搞破坏的狗狗，望着被野狗刨得乱七八糟的菜园、奄奄一息的菜苗而气愤难消。干旱时节，土地热得像烤箱，蔬菜们张嘴大喊："水啊，水啊！"也会埋怨上苍的"风不调雨不顺"。当然也有收获的喜悦。无论什么菜，老婆始终会说："哇，好漂亮好香的菜喔！"尝着亲手种植的蔬菜，有一种打心底产生的快乐，虽然那是一把市场上只卖十元，我却要花费一个月时间才种出的菜。

种了菜，知道蔬菜的成长是有季节性的。四季轮回，花开花落有时，如果想要违反，蔬菜们就会实施不合作的抗议，不是不开花结果，就是奄奄一息，失去了生机。像冬季长得欣欣向荣的莴苣，三月以后在酷热的气候下就开始罢工了。二月份种的豇豆，一个月后仍然未见长藤爬竿，反倒是慢了半个月才播种的四季豆后来居上，爬在棚架上开花结果了；豇豆仍然无声无息，原来它们要在暮春才会生机盎然哪。蔬菜的季节属性让我有了深切的体会，凡事只能顺其自然，不必太过强求。

每种生物都需要成长的空间，狭窄的斗室让人目光短浅，浩瀚的山河才能培养宏观的视野；蔬菜也是。初种玉米，留了一个巴掌大的宽度，发芽时还不觉得有异；待长到三十厘米高时，它们已拥挤在一块。老圃们告诉我，一定要疏苗，否则会长得又细又瘦，难以结果。我舍不得拔掉它们，想多施点肥料，勤浇水，让它们长长看。结果玉米们长得像细长的竹子，结出的玉米穗像春节时常吃的糖葫芦，我实在有点惭愧。种卷心菜和大头菜也同样有这种失败的经验。总以为它们有一二十厘米的间距就足够了，可只长到一半，我就知道失算了。蔬菜们挤在一起，不但无法快意生长，也不易通风，反而容易产生虫害，对它们的成长适得其反。要知道：苗圃的菜苗唯有移到辽阔的原野上，才能恣意伸展手脚，长得壮硕、顶天立地啊。

其实种菜不能只用蛮力，也需要方法。育苗要注意覆土的深度，有些需要深埋，有些只要盖薄被，有些则只要撒在泥土上浇浇水就好。如果方法不对，发芽率就不高，或事半功倍，或徒劳无功。育苗后有些菜可以移植，如莴苣、卷心菜、大头菜；有些移植后成长就会顿挫，只能播在园畦里，用疏苗的方式让它们生长，如萝卜等根茎类蔬菜。至于成长期间，最重要的是水分要充足。我因菜园没有水源，完全靠提水浇菜，但杯水车薪，导致菜园经常陷于干旱中。曾经种过空心菜和苋菜，都因缺水而韧得几乎嚼不动。从此我不敢轻易栽种需要大量水分的叶菜类；尤其是在酷热的夏天，土地像沙漠，傍晚浇下去的一勺水，很快就蒸发得无影无踪，我仿佛听到蔬菜们的渴求声："水啊，水啊！给我一勺水啊！"那声音犹如《庄子·外物篇》

○ 不断孕育新生命的芋头使菜园生机盎然

○ 欣欣向荣的蔬菜回报辛苦的老圃

中那条鲋鱼的哀号："君岂有斗升之水而活我哉？（若无水）曾不如早索我于枯鱼之肆！"种菜至此，我颇感无奈，也顿觉农业时代水利设施为什么会成为执政者的当务之急了。因为唯有修好灌溉水渠，农民才能有效耕作、安居乐业啊。在丝路之旅时，看到吐鲁番、哈密的绿洲，农民耗时费力甚至牺牲性命挖掘的坎儿井，那汩汩流动的清泉，更令我感动不已。

当然，种菜还有不能忽略的施肥与除虫。既然是有机栽培，就不能施用农药与化肥。在琳琅满目的有机肥料中，动物的粪便与颗粒状的有机肥便是最佳的选择。把它们埋在泥土里慢慢发酵，蔬菜们就会快快长大。最难对付的就是虫害。有些蔬菜本身病虫害就多，若大规模种植，几乎周周都要喷药，再要加上激素或增加甜度的刺激素，喷洒的次数就更加频繁。有时望着菜叶上像春雨绵绵不断的虫子，心头不免为农民感到沉重。菜农为了生计，不得不施用农药，即使有生态除虫法，豢养病虫的天敌，但往往缓不济急，或有突发状况，导致作物欠收，这时可就徒呼负负了。我经历过几次虫害，得到不少经验，除了增加株距让植物长得壮硕，增加免疫力，最根本方法就是栽种较少虫害的蔬菜，像生菜类、菠菜、韭菜、四季豆、芋头等；或搭建网室，让蝴蝶无法进入产卵，阻绝讨厌的毛毛虫。这些心得像寒天饮冰水，冷暖自知，经验永远是最好的智慧啊。可惜我们的农民永远因为生计而陷在价格的追逐与迷失中。卷心菜紧俏时，绿野平畴以及山坡上都栽满了菜苗；待到盛产价格崩盘，又要含泪开着推土机销毁。释迦、柚子、橙子、大白菜、空心菜等，哪个不是一再上演果（菜）贱伤农的戏码？幸好有些组织管理良好的产销班已为精致农业露出了曙光，也许不久以后，我们的菜农们都可以放心地在网室或温室里种菜，提供给大众既营养又安全的蔬果了。

种菜虽是小道，却也有大哉问。除了经验，交流也是重要的知识来源。坊间莳花种菜的书籍如过江之鲫，在图文并茂的作品里寻些建议，可以少走一些冤枉路。因为一旦蔬菜夭折，再重种已是半个月或一个月后的事了。另外老圃们的意见交流也是解决难题的快速管道，诸如肥料、虫害，甚或互赠果菜苗，都可以增进农事知识以及人际关系。菜是人间的桥梁，礼轻情意重的物品啊。

○ 结实累累的木瓜使生命更充实

○ 嫩绿的白菜洋溢着生气

　　岁月在育苗、浇水、收获之间流转，心境也随着改变。以前天天为蔬菜们担惊受怕，既忧苦旱，复烦虫害，连专搞破坏的狗狗也都令我气愤填膺；如今已学会了豁达：多种耐旱作物以应付沙漠般的土地，有效杜绝病虫害的繁衍，看到被刨开的园畦，再重新整理就好了。现在已学会潇洒地面对菜园的问题，反正种菜只是圆一个读书人"晴耕雨读"，以免"四体不勤，五谷不分"的梦。每天品尝着辛苦种植的蔬菜，无论是甜脆的豌豆、略带苦味的生菜，或是平凡的红薯叶，都是天地间的美味，最安全的营养。不但如此，还能够欣赏蔬菜们的成长，记下菜园的点点滴滴，更是文学创作的一个新天地。不知何时起，餐桌上已经很少出现肉食，肠胃也自然顺畅，我的心浮起王国维和惟信的顿悟，菜园里辛勤耕耘，几度烦忧，都化作人生的智慧，陪着我，快乐地生活。种菜，除了有形的收获，心灵的絮语，也是我这老圃快乐成长的写照吧！

种 菜 书

Chapter 02

花絮篇

茄子
练瑜伽

○ 练瑜伽的茄子

茄子树不高，摘茄子时，我通常都是侧低着头扫视垂下来的茄子，几乎没有漏网之茄；最近却错过了一条练瑜伽的茄子。

晨曦中，我逐棵修剪茄叶，眼前忽然闪进一条长相奇特的茄子：它窈窕的身子弯曲成两个圆圈，像螺丝的纹路一般。垂挂在空中的茄子仿佛有体操细胞，竟然在没有任何外力干预下，做出了两个完美的旋转，紫色的身体散发着无限光彩，我看得几乎忘了工作。当众茄按照既定的模样乖乖地成长时，它却选择了另一种与众不同的方式，成为一个惊叹号。在喜悦之余我也有一点遗憾：如果及早发现，就可以用影像记录下它成长的过程，让其他茄子群起效法，完成茄子们难得的瑜伽训练班任务。

茄子躲在茄叶中默默练习瑜伽体操，也许不想出风头吧，最终还是被我发现了。特立独行的茄子获得了我的青睐，但以种茄子为生的农夫呢？也许一开始就把它摘除了吧，在制式的要求下，是不太允许练瑜伽的茄子存在的；人何尝不是？或许就要有像面对珍宝般宽容的心吧！

练完瑜伽的茄子，最后还是上了我的餐桌，因为除了拍照，它的用途还是食用。🐞

○ 像盘腿而坐的老僧

188 | 韭菜花的圆舞曲

夏末秋初，韭菜开花了。细细瘦瘦的绿梗擎举着白色的花苞在风中摇曳，仿佛迎风招展的白珍珠，可爱极了。

虽不若市场的韭菜花那般肥硕，我还是感谢它的辛劳，给我这么健

○ 拥着韭菜株的花朵，仿佛绅士搂着仕女翩翩起舞

康的食物，摘下它，放在汤中，感恩地喝下。

一天清晨，发现韭菜花不再往上长，竟然跳起了圆舞曲，有的绕着韭菜旋转，把韭菜株围抱起来，仿佛绅士轻搂着仕女的腰，正翩翩起舞呢。有的自顾自地在旁边跳起舞来了，绕成了一个圈圈，可爱极了。我望着这些韭菜花，心中十分喜悦：对农夫来说，这是几百万分之一的突变，绝对稀有；对我而言，却是一场心灵的舞蹈，写作的灵思。韭菜花呀韭菜花，感谢你的灵性之舞！

○ 跳圆舞曲的韭菜花

小百科>>韭菜为多年生草本植物。富含蛋白质、维生素B、维生素C、β-胡萝卜素以及钙、磷。种子外号称作起阳子，因其富含蒜素，可在血液中释放一氧化二氮，让血管扩张，改善因血脂过高而血管闭塞的患者，民间亦有"男士的伟哥"之称。

美菜小窍门>>喜潮湿、多肥。深掘后分行种植，可连续收成多年，为农家必种的蔬菜。

190

豌豆须
握手

爬藤类蔬菜如四季豆、豇豆等都有攀附物品的须条，像细细瘦瘦的触手，向四面八方挥舞着，一旦钩住，就会紧紧地缠住，然后往上爬。

豌豆初长时，秀秀气气的，不像四季豆手脚利落，一会儿就沿着竹架

○ 大家手牵着手像亲密的好朋友

爬了上去；它的小触手钩不住竹子，在空气中挥呀挥的，忽然两条触须碰着了，竟然擦出爱的火花，两只相握的手，紧紧地拉在一起，像恋爱中的情侣。我蹲在旁边，看得出了神。豌豆们挥舞着小手，像在招呼对方，温柔地说："来吧，让我们手牵着手，一起站起来！"微风拂动，它们像在跳国标舞，婀娜多姿的曼妙姿态，让我这小菜农陶醉了。🍃

○ 两棵豌豆紧紧地握着手

192 | 胡萝卜的 变装秀

我的萝卜联合国终于大功告成了！

在白萝卜和红皮萝卜收成一个多月后，慢悠悠成长的胡萝卜也向我展露了笑容："主人，您辛苦了，可以来采收啰。"我拿起小铲子，向露出泥土，看起来有点壮硕的胡萝卜试挖下去。向

○ 变形胡萝卜双人组　　　　　　　　○ 有纤细柳腰的胡萝卜

下挖了十余厘米，拎起了一根中型的胡萝卜。虽还不及市场卖的一半大，但我已十分感谢了。胡萝卜长得细长密实，无法像白萝卜用双手拔起，老婆就不能上场表演拔萝卜的戏码啰。她就在一旁为我加油打气。我抡起锄头用力挖下去。松开的泥土立刻变成一片通红，胡萝卜一根根跳了出来，仿佛土芒果的香味弥漫了小小的菜园，我们都陶醉了。

胡萝卜长得像一个倒立的细长圆锥，红得十分艳丽，在阳光下简直是漂亮的宝石般。在摘取胡萝卜时，却发现了几根变形的果实，十分有趣：有一根中间有了束腹带，仿佛爱美的女生纤细的柳腰，泥土里并无任何绊住它的绳子啊，为什么会在身躯中央自然地缩小？难道这根胡萝卜是爱美的女生，刻意为自己打扮一番？

另一根则更有趣，主根长了五厘米后分成了两条，粗粗壮壮的，还有一圈圈肌肉，犹如超人的双腿。它张开双腿，细根仿佛是不甚对称的脚掌，正要迈开脚步向前奔去。转过另一面，双腿上有一条细长的根，好像长鼻一般，真好玩。老婆说它是强壮的武士；我则想象如果再慢一点挖它，也许会长成另一条粗腿，届时岂不是变成三条腿的外星人了。想到这儿，两人不禁哈哈大笑。

挖胡萝卜，有收获的快乐；在变形的胡萝卜里也有欣赏和发现的趣味。感谢胡萝卜的变装秀！🐾

小百科>>胡萝卜，富含β-胡萝卜素及各种维生素，每日吃一百克胡萝卜，可保养眼睛与皮肤，并帮助排除体内有害的自由基，增强免疫力，防癌抗衰老，对防止血管硬化、降低胆固醇和防治高血压也有效果。被誉为"小人参"。

美菜小窍门>>要深松泥土，株距十五厘米左右。排水要良好，收成前水分不可太多，若积水则根部易腐烂。

194 | 蔬菜听 干旱新闻

○ 艳阳下的植物被晒得低垂着头

八月莫拉克台风后一连三个多月，台湾南部竟然难得一雨，出现罕见干旱，仿佛半年的雨水都在那一两天全下光了。

十二月中旬，收音机里传来了抗旱的消息，水利单位呼吁民众节约用水；不久，又宣布明年第一期稻作可能休耕，民众也要有分区供水的准备。我听了忧心忡忡，想起菜园里那些本来就嗷嗷待水的蔬菜们，往后供水可能更吃紧啰。没想到老婆竟然提议说："老公，拿收音机到菜园，把干旱的新闻播放给蔬菜们听，让它们知道，在这种干旱的情势下，它们的主人还挑水给它们喝，多么难得，它们一定会努力生长，一暝大一吋。"我听了哈哈大笑，老婆可真幽默，尔后浇水时，我都会对菜们念念有词："现在到处都闹干旱，你们还有水喝，要懂得感恩喔！"微风吹来，蔬菜们都点点头。🌸

195 | 学生
参观菜园

在科举时代，士为各行各业之首，读书人只管寒窗苦读，以求一举成名天下知，种菜是农夫们的工作，与他们无关，所以市井民众说读书人"四体不勤，五谷不分"，真是"良有以也"。现代都市里的学生，是父母亲的宝贝，进出都有车辆接送，每天沉迷在计算机、电玩前，鲜有机会到郊外踏青，

○ 老师指导小朋友认识蔬菜

○ 小朋友对菜园生态很好奇

对泥土里生长的作物更是不知，几乎是"菜盲"了。

我教作文之余常和学生们分享种菜的苦与乐。有一天，邻近的小学放学后，有几个作文班的学生相约参观菜园，我和老婆立即成为最佳导游，一一向他们介绍。学生们的问题，真是出乎我的意料："胡萝卜长在泥土里啊！""卷心菜怎会住在蚊帐里（注）？""番茄不是红色的吗，为什么这么绿？""豌豆苗怎会长得那么高？""这么大的菠萝树怎看不到果实？它的果实是长在泥土里吗？""那么高的玉米树怎长出那么小的玉米？"……

我一边解说一边微笑，觉得我们的教育除了书本的知识教学，还需要一些实际的动态课程，不然以后学生可能真的会以为米是长在超市里，香蕉、木瓜是长在水果摊上了。

注：卷心菜种在网室里，罩着像蚊帐的纱网。🐛

其他
常种蔬菜　附录一

01 芹菜

小百科：富含胡萝卜素、碳水化合物、脂肪、维生素 B、维生素 C、糖类、氨基酸及矿物质、纤维质，其中磷和钙的含量较高。芹菜味辛、甘，性凉，清热平肝，有健胃、降压等功效。

美菜小窍门：发芽慢，可先将种子泡水一两天。需充足水分。长大后可从外向内剪枝食用，会不断生长。

02 芫荽

小百科：又名香菜。富含维生素 B_1、维生素 B_2、维生素 C、β–胡萝卜素，以及丰富的矿物质，如钙、铁、磷、镁等。中医认为香菜性温味甘，能健胃消食、发汗透疹、利尿通便、祛风解毒。它的芳香气味可避秽醒脾，多用于菜肴之调味。

美菜小窍门：水分充足即容易生长。病虫害少。因多供调味用，所以一般少量种植，或种在花盆里。

03 芋头

小百科：富含蛋白质、糖类、膳食纤维、钾、镁、铁、钙、磷、维生素 B_1、维生素 B_2、维生素 C 等。能助消化、改善便秘、降血压、利尿。但芋头含有草酸钙，接触到皮肤会发痒，生食则会对嘴唇、舌、皮肤造成伤害，所以要熟食。另外，芋头易导致胀气，肠胃消化功能较差或是容易胀气者应减少食用。

美菜小窍门：要种在排水良好的土壤，宜多施肥。芽太多时可适当疏芽，以免养分不足影响成长。

04 小黄瓜

小百科：富含钾盐、维生素 A、糖类、钙、磷、铁、硒以及丙醇二酸，可抑制糖类转化为脂肪，可作为减肥食品。嫩子含维生素 E，清香可食。中医认为其味甘、性凉，可除热、利尿、解毒。有美肤作用，常有女性将黄瓜片贴在脸上以改善面部皮肤。

美菜小窍门：容易栽种，但结果时易被果蝇叮咬影响成长，要注意防范（可用套袋法）。

05 蒜

小百科：与葱一样，蒜也是很普遍的香料调味品。有刺激性气味，富含大蒜素。《本草纲目》记载蒜可治疗便毒诸疮、产肠脱下、小儿惊风。现代医学认为大蒜能提高免疫力，提高人体 T 淋巴细胞、巨噬细胞等免疫系统转化能力。

美菜小窍门：分蒜头与蒜苗用两种。宜深种并多施肥、浇水。

06 菠菜

小百科： 富含维生素 A、维生素 B、维生素 C、维生素 D、胡萝卜素、蛋白质、铁、磷、草酸钙等。植物粗纤维，可促进肠道蠕动，利于排便。

美菜小窍门： 喜冷湿气候，少病虫害，容易栽种。

07 芥蓝菜

小百科： 富含维生素 B_1、维生素 B_2、维生素 C、钙、磷、铁质、胡萝卜素、纤维质、草酸。中医认为易消化，有清热气、通便，改善消化性溃疡疼痛之效，利五脏六腑、补骨髓、利关节、通经活络。

美菜小窍门： 身材稍大，株距宜宽，散播时要疏苗。成长期间易有青虫害，要多除虫。可剥嫩叶食用。

08 芥菜

小百科： 味辛、性温，属于碱性蔬菜，富含维生素 A、B 族维生素、烟碱酸与钙。具有开胃、促进食欲、祛痰、解燥之效。在酷暑时食用芥菜汤可预防暑热痛。根据医学专家证实，芥菜可以避免肿瘤持续增长，被视为具有抗癌效果的蔬菜之一。

美菜小窍门： 水分要充足，成长期间易有虫害，要注意除虫。纤维稍粗，宜趁嫩食用。

09 茴香菜

小百科：有特殊的香味。营养价值高，含维生素 A、钙。中医认为茴香富含茴香油，能刺激胃肠神经血管，促进消化液分泌，有健胃、益筋骨、行气的功效。

美菜小窍门：水分要充足，容易种植，但成长慢，宜多施肥。

10 花椰菜

小百科：又名花菜。富含维生素 A、维生素 B_1、维生素 B_2、维生素 C 以及蛋白质、脂肪、碳水化合物、钙、磷、铁、β – 胡萝卜素等。据研究，深色花椰菜含植物雌激素，对妇女有益；含碘，可调节甲状腺功能，亦可抵抗黑斑、雀斑、动脉硬化、感冒。绿花椰菜富含抗癌物质，可多食用。

美菜小窍门：宜多施肥，成长期间多青虫害，结花球时可套以透明袋。

11 木耳菜

小百科：富含维生素 A、维生素 B$_2$、维生素 C 及 β－胡萝卜素、钙、铁，多糖体，有抗氧化、防癌功效。中医认为可健胃补脾、利湿、解毒、通便，并可改善胃病、肝病、便血、糖尿病等。民间传说其黏液可益胃。

美菜小窍门：只要水分及阳光充足，便会长得很好。少虫害。采收时可剪嫩茎摘叶，留几枝侧芽再让其生长，可采收一整年。秋冬会开花结果，但不影响收成。

12 苋菜

小百科：富含蛋白质、脂肪、糖类、水分、维生素 A、维生素 B、维生素 C、铁、钙、磷。含草酸量高，结石病患宜少食用。

美菜小窍门：只要水分充足，便容易生长。采收时可剪嫩茎，留几枝侧芽再让其生长，可采收多次。

13 葱

小百科： 在东亚国家以及华人区，葱是最普遍的香料调味品。在粥、面、炒菜、炒饭中加点葱花，能添香提味，增进食欲。富含抗氧化维生素 A、维生素 C 以及能提升免疫力的硒。

美菜小窍门： 葱要深种在易排水的菜畦，成长容易。

14 九层塔

小百科： 又名罗勒。大多作为配菜香料。最近科学研究证实：九层塔具有强大的抗氧化、防癌、抗病毒和抗微生物性能。

美菜小窍门： 容易栽种。秋冬时节会开花，要将花摘去，否则易死亡。

15 上海青

小百科： 富含维生素 A、维生素 B_1、维生素 B_2、维生素 C、$β$－胡萝卜素、钾、钙、铁、蛋白质。对高血压、动脉硬化有预防的效果，可维持牙齿、骨骼的强壮、保养眼睛、肌肤，富有纤维质，可改善便秘。

美菜小窍门： 容易生长，但成长期间易有青虫害，要多除虫。

16 青椒

小百科：富含维生素 A、维生素 B、维生素 C、维生素 K、铁质。可增强身体抵抗力、防止中暑、促进复原力。夏天多食用青椒，可促进脂肪的新陈代谢，避免胆固醇附着于血管，能预防动脉硬化、高血压、糖尿病。

美菜小窍门：水分不宜太多。病虫害多，宜注意除虫；若有病株，立即拔除。

17 油菜

小百科：富含维生素 A、维生素 B、维生素 C、钙、纤维。能促进血液循环，可助通便，改善老人脾胃虚弱、肩酸。

美菜小窍门：容易生长，但成长期间易有青虫害，要多除虫。纤维稍粗，尽量在开花前趁嫩食用。

有机种菜
小叮咛　附录二

菜畦

一、将泥土深挖二三十厘米，彻底捡除石头与土香草。

二、做每块六十至七十厘米宽，高约十厘米的菜畦，畦沟约一个半锄头宽。

三、倒入堆肥、动物粪肥、油粕、草木灰等做基肥，以及可以平衡泥土酸碱度的苦土石灰，翻掘均匀，一周后即可种植。

四、土质不宜太黏或太硬，可购买掺有稻壳的动物肥或堆肥来改善土壤。

五、排水要良好，若积水则会影响蔬菜生长，也容易烂根死亡。

六、如果可以用塑胶板将菜畦围起来更佳，可保持菜畦长期的完整，并减少下雨时泥土的流失。畦沟可以放置塑料布，杂草就不易滋生，菜园会变得干净清爽。

种子

一、宜向可靠的店家购买，才有质量保证，以免买到过期或质量不佳的种子。

二、部分叶菜如红薯叶、木耳菜、韭菜等可采用原株扦插或分苗法。大多数蔬菜如玉米、秋葵、花生、四季豆等若自行留果实作种，会产生变种，影响生长，建议向店家购买，收获及质量才会稳定。

三、放置时间愈长，发芽率愈低，宜少量购置，用完再买；未用完的可放置在冰箱冷藏室保存。

菜苗与疏苗

一、市场上有苗圃贩售的各式季节性菜苗，十分方便，可视需要购置。买时宜多购一成，以供定植后补充之用（小菜苗生命力脆弱，易遭蜗牛、草蛭之害，照顾不当亦会死亡）。

二、可采自行育苗，原则如下：

1. 食用根部类的蔬菜如萝卜可采穴播，以免定植时伤及根部影响果实生长。

2. 白菜、空心菜、苋菜等可采散播法。

3. 大多数蔬菜皆可采先育苗再定植法。育苗时要用大型花盆。下大雨时可用板子盖住，以免水分太多而烂根。

三、散播种子发芽长出两片叶子后要开始疏苗，视蔬菜大小留适当株距；穴播苗则待稍大后留一棵即可（豌豆可留二三棵）。

定植

一、菜苗有四至六片叶子即可定植；太小则易死亡。

二、植穴要挖得稍大，先埋入堆肥或动物粪肥，浇水，再放入菜苗，将泥土轻轻拨拢、压平，若泥土干燥则酌量浇水；若泥土潮湿则隔日再浇水。浇水时不宜太多，否则易烂根。

浇水

一、夏天早晚各浇一次，春、秋在下午浇水，冬季则在上午。

二、浇水要视植物需要，适量即可。

肥料

一、将动物肥（鸡、羊、牛粪）、堆肥、油粕、草木灰等埋在土中做基肥，追肥时可用颗粒状的有机肥。

二、追肥大约半个月一次，放置在植物旁边五至十厘米，量不要太多，以免造成肥害（大多数初种者易犯此错误）。

虫害

一、选择较无虫害的蔬菜，如福山莴苣、苋菜、菠菜等；十字花科如卷心菜、白菜、花椰菜、大头菜等易生虫害，可罩以纱网，做成小网室栽培。

二、将辣椒切碎，加入醋浸泡一周后加水稀释，过滤后喷植物，可驱虫或稍微减缓虫害。

三、向农药店购买捕捉果蝇的小笼子、药品，放置在植物旁，可减缓蝇害。

四、严重的病株要立即拔除，以免扩大疫情。

成长

一、成长时期要注意浇水、施肥、除杂草、除虫。有机种植强调不使用农药，对付虫害的方法，只有一个"勤"字。

二、要使蔬菜长得好，需要摘心与摘芽。大型爬藤类如南瓜、胡瓜、冬瓜、丝瓜等，长约二米后就要准备摘掉主芯，让侧芽生长，可增加开花与结果数量。茄子、番茄就需要摘掉大部分侧芽，才不会因芽太多而影响结果。工作时一定要使用剪刀，以免伤及植物。

三、有些蔬菜需要立支架加强支撑力，如茄子；有些需要用竹子搭架子让它攀爬，如四季豆、豇豆、豌豆、苦瓜、番茄等。要防强风来袭，可用塑料绳绑在竹子上。

四、蔬菜怕强风，可在菜园四周或迎风面种绿篱挡风，也可以用密度高的黑网围起来，减缓风力。

采收

一、部分蔬菜无法再生，要全株采收，如菠菜、卷心菜、花椰菜等。

二、部分蔬菜再生能力强，可采取剥叶、剪叶、摘芯法等长期食用，如福山莴苣、芹

菜、木耳菜、龙须菜、茼蒿等。

三、蔬菜本身很脆弱，一旦藤蔓折断或受伤就会影响生长及结果。无论豆类、茄子、南瓜、丝瓜等小型或大型果实，采收时都要养成好习惯使用剪刀，不可强力扯断。

堆肥

一、易腐烂的叶子、草与厨余、米糠等物皆可制作。

二、掘深坑，将叶子或厨余等倒入，覆上一层泥土，一层又一层堆置，最后覆上厚土，踩实，一个月后实施翻掘作业，二至三次后即可熟成使用。

三、利用大型塑胶米袋制作：将一层厨余覆上一层泥土，适量浇水，压实后放置一个月即可使用。

菜园管理

一、收成后要挖松菜畦，清理菜叶、杂草等，保持菜园整洁。

二、收成后宜让土壤休养一至二周，再依本文第一点处理土壤，然后再种植。

三、为达泥土营养均衡，叶菜类、根茎类、果实类皆要采取轮种，不可连作，否则容易生"连作障碍"：易生病虫害、营养不均衡。

四、可酌情种些花卉，如玫瑰、天堂鸟、彩叶草、野姜花等，可以美化菜园。

如果您已依序完成以上工作，恭喜您，您已是个有经验的菜农啰！

祝您：种菜成功、收获满箩筐！

211

蔬果栽培
季节表　附录三

编号	蔬果名称	适合栽培季节	种植难度	备注
01	树豆	春天（清明前）	易	
02	秋葵	春至夏	普通	
03	红凤菜	春至秋	易	
04	丝瓜	春至秋	易	
05	空心菜	春至秋	易	
06	芹菜	春至秋	易	
07	玉米	春至秋	普通	
08	长豇豆	春至秋	普通	
09	四季豆	春至秋	普通	
10	青椒	春至秋	普通	
11	芋头	春至秋	普通	
12	苦瓜	春至秋	难	
13	小黄瓜	春至秋	难	
14	南瓜	春至秋	难	橘、红色果：冬
15	甜菜根	秋至冬	易	
16	福山莴苣等	秋至冬	易	

编号	蔬果名称	适合栽培季节	种植难度	备注
17	豌豆	秋至冬	易	
18	茼蒿菜	秋至冬	易	
19	茴香菜	秋至冬	易	
20	菠菜	秋至冬	易	
21	蒜	秋至冬	易	
22	芥蓝	秋至冬	普通	
23	萝卜（圆形）	秋至冬	普通	长形：春至夏
24	胡萝卜	秋至冬	普通	
25	芥菜	秋至冬	普通	
26	卷心菜	秋至冬	难	
27	大头菜	秋至冬	难	
28	花椰菜	秋至冬	难	
29	苋菜	全年	易	
30	木耳菜	全年	易	
31	红薯（叶用）	全年	易	
32	花生	全年	易	
33	九层塔	全年	易	
34	韭菜	全年	易	
35	葱	全年	易	红葱头：秋至冬
36	芫荽	全年	易	
37	上海青	全年	普通	
38	小白菜	全年	普通	冬天，易开花

编号	蔬果名称	适合栽培季节	种植难度	备注
39	油菜	全年	普通	
40	茄子	全年	普通	
41	辣椒	全年	普通	
42	草莓	秋至冬	普通	
43	番茄	秋至冬	普通	
44	木瓜	全年	普通	
45	菠萝	全年	易	生长期一年以上
46	香蕉	全年	易	生长期约一年
47	甘蔗	春、秋	易	生长期一年以上

附记：

一、季节所属月份：春：二至四月；夏：五至七月；秋：八至十月；冬：11月至来年一月。

二、本表所列适合季节系以一般平地家庭栽培为主。专业栽培者会利用催芽等方法，突破季节限制；部分秋冬季节蔬菜春夏时也可以在中高海拔栽种，两者皆不在此限。另外气候各地均不同，种植时间也不一致，部分地区可延后或提早半个月。

三、同类蔬菜又可再细分，栽种季节大抵相仿，不再一一罗列。

四、天气异常也会影响蔬菜生长：蔬菜育苗受雨水影响极大，若播种时受暴雨浸泡，发芽率会降低，甚至不发芽，应重种。东部秋冬受东北季风影响，蔬菜成长较不易，要注意防风，可种树篱或围塑料布等。

五、若想获得更多蔬菜种植知识，建议多请教老圃及上网查询，吸收同行心得；也可阅读农业类杂志。书店也有许多蔬菜栽培书可参考，但引进版图书中的栽培季节，不一定适合本地。

六、表中的难易度为笔者种菜的经验（采取有机种植、不喷农药、不施化肥），仅供参考。难易度标准如下：难：易遭虫害、水害；普通：偶有虫害，容易成长；易：少有虫害，容易照顾。

●栽培季节由台东市张东麟先生提供

●制表：吴当

有机耕耘与
阅读

　　像火车快速行过辽阔的大地，拿起锄头学做农夫，转瞬间已将近三个春秋。初学为农，仿佛迎接新生婴儿的父母，总是状况频频，甭说种出外形姣好的蔬菜，连杂草和虫虫都把我忙得人仰马翻，无法招架。回顾那段挫折连连的日子，却是我获益最多的时光，不但是物质上的收获，还有精神上丰盈的领悟。

　　收集在书中的四十五篇文章，就是我在晴耕雨读中的另一份成果：打种菜起，我就细心地用相机记下菜园的点点滴滴，然后抒发为文字。《陶渊明的梦》一文是我菜园的蓝图；《菜园恋人》是我热爱种菜的心情；《菜园絮语》则寄寓了我最深的感触；其他文章则是蔬菜们成长的身影。书写这些作品时的心情是轻松的，像品尝美食或畅游美景，没有任何负担与压力。我快乐地写作、发表，获得不少共鸣，让我耕耘的手更加勤快了。

感谢更生日报副刊的林主编，提供了一块以笔为锄、耕耘心灵的舞台，让这些文章有发表的园地；感谢亲爱的老婆，无论摘回什么菜，她总是开心地给我鼓励，让我耕耘的力量源源不绝；感谢秀威的林小姐，在她细心的策划下，我又加入了附录中的各项资料，提供给有兴趣耕耘的读者们参考。而亲爱的读者，当您赏读本书时，则是分享了我漫漫时日汗水与心灵的结晶，最有机的文学作品。

　　有机种植为现代人提供迫切需要的安全营养食物，有机写作也是纷乱的时代里的一股清流。祝福辛勤的小菜农们，愿园地里永远欣欣向荣，收获满盈；祝福阅读有机书籍的读者们，愿您的心灵永远清明舒畅。

壬辰年春　台湾台东鲤鱼山下

Green Land 01

种菜书

图书在版编目（CIP）数据

种菜书 / 吴当著 . -- 武汉：湖北科学技术出版社 ,2015.12（2018.01，重印）

ISBN 978-7-5352-7607-0

Ⅰ . ①种⋯ Ⅱ . ①吴⋯ Ⅲ . ①蔬菜园艺 Ⅳ . ① S63

中国版本图书馆 CIP 数据核字 (2015) 第 211536 号

本书中文简体出版权由台湾秀威资讯科技股份有限公司正式授权，同意经由湖北科学技术出版社出版发行。非经书面同意，不得以任何形式复制、转载。

责任编辑：刘志敏　唐　洁
封面设计：胡　博
版式设计：胡　博

出版发行：湖北科学技术出版社

　　　　　www.hbstp.com.cn

地　　址：武汉市雄楚大街 268 号出版文化城

　　　　　B 座 13-14 层

电　　话：027-87679468

邮　　编：430070

印　　刷：武汉市金港彩印有限公司

邮　　编：430023

印　　张：13.625

开　　本：1/16

版　　次：2016 年 2 月第 1 版

印　　次：2018 年 1 月第 2 次印刷

定　　价：45.00 元